廃棄物焼却施設関連作業における

# ダイオキシン類ばく露防止対策要綱の解説

中央労働災害防止協会

# はじめに

ダイオキシン類は、工業的に製造される物質ではなく、他の物質を合成する過程で副成したり、廃棄物を焼却する際に一定の条件の下で生成される化学物質です。

厚生労働省では、従来から廃棄物の焼却施設の労働者に対するダイオキシン類ばく露防止対策を推進してきましたが、平成13年４月に、この中で特に必要な事項を、労働安全衛生規則に定めて、対策の徹底を図りました。

また、改正労働安全衛生規則等に規定された事項とともに、事業者が講ずべき基本的な措置をあわせて示した「廃棄物焼却施設内作業におけるダイオキシン類ばく露防止対策要綱」（平成26年１月の改正で「廃棄物焼却施設関連作業におけるダイオキシン類ばく露防止対策要綱」に名称変更）を定め、この要綱に示された措置を総合的に講じることにより労働者のダイオキシン類によるばく露の防止を図っていくこととしました。

本書は、この「廃棄物焼却施設関連作業におけるダイオキシン類ばく露防止対策要綱」をわかりやすく解説し、取りまとめたものです。このたびの改訂では、労働安全衛生規則等関係法令の改正をふまえて所要の見直しを行いました。

本書が広く活用され、廃棄物焼却施設におけるダイオキシン類の対策に役立てられれば幸いです。

令和６年12月

中央労働災害防止協会

# 目　次

## 廃棄物焼却施設関連作業における
# ダイオキシン類ばく露防止対策要綱

（　　平成13年４月25日基発第401号の２
改正　平成26年11月28日基発1128第12号）

### 第１　趣旨

ダイオキシン類対策特別措置法施行令（平成11年政令第433号）別表第１第５号に掲げる廃棄物焼却炉を有する廃棄物の焼却施設（以下「廃棄物の焼却施設」という。）における焼却炉等の運転、点検等作業及び解体作業に従事する労働者のダイオキシン類へのばく露を未然に防止することが重要であることから、厚生労働省では、平成13年４月に労働安全衛生規則の一部を改正し、廃棄物の焼却施設におけるダイオキシン類へのばく露防止措置を規定したところである。

本対策要綱は、改正後の労働安全衛生規則に規定された事項を踏まえ、事業者が講ずべき基本的な措置を示し、労働者のダイオキシン類へのばく露防止の徹底を図ることを目的とするものである。

**【解説と資料】**

本対策要綱は、廃棄物の焼却施設におけるダイオキシン類へのばく露防止措置を定めたものであるが、事業者は、廃棄物の焼却施設におけるそれ以外の有害要因及び危険要因に対しても、健康障害又は危険を防止するため必要な措置を講じなければならないことはいうまでもないこと。

### 第２　対象作業

#### １　作業の分類

本対策要綱における「ダイオキシン類」とは、ポリ塩化ジベンゾフラン、ポリ塩化ジベンゾ-パラ-ジオキシン及びコプラナーPCBをいい、対象となる作業は、廃棄物の焼却施設において行われる次の⑴及び⑵の作業（以下「運転、点検等作業」という。）、⑶の作業（以下「解体作業」という。）並びに⑷の作業（以下「運搬作業」という。）であり、これらを合わせて廃棄物焼却施設関連作業ということ。

## 1. PCDD類（75種類）

2,3,7,8-テトラクロロジベンゾジオキシンをはじめとするポリ塩化ジベンゾジオキシン類（PCDDs）

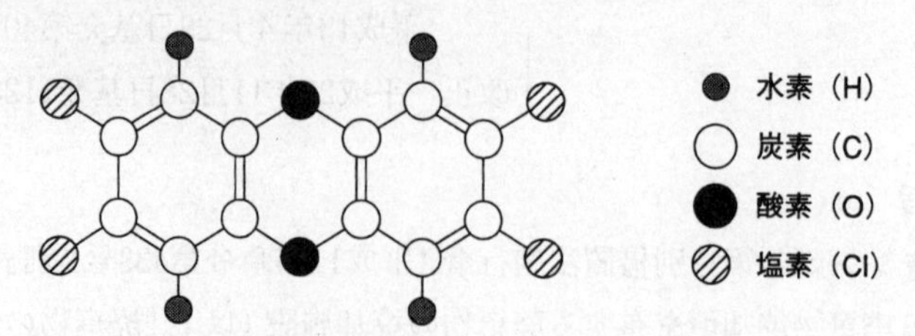


2,3,7,8-TCDD
（ダイオキシン類の中で最も毒性が強いと言われている物質）

## 2. PCDF類（135種類）

構造中にフランを含むポリ塩化ジベンゾフラン類（PCDFs）

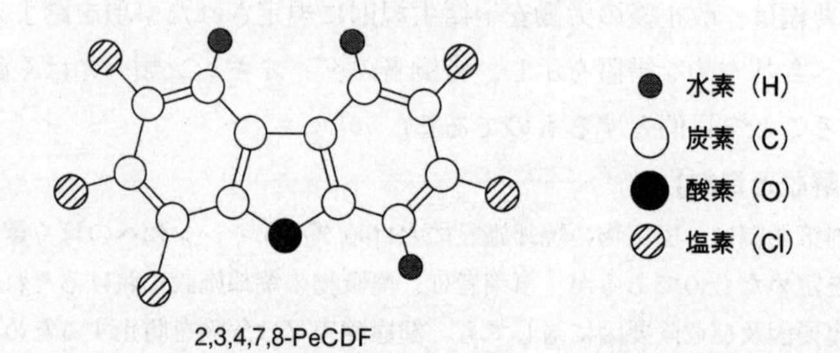


2,3,4,7,8-PeCDF

## 3. Co-PCB類

コプラナーポリ塩化ビフェニル類

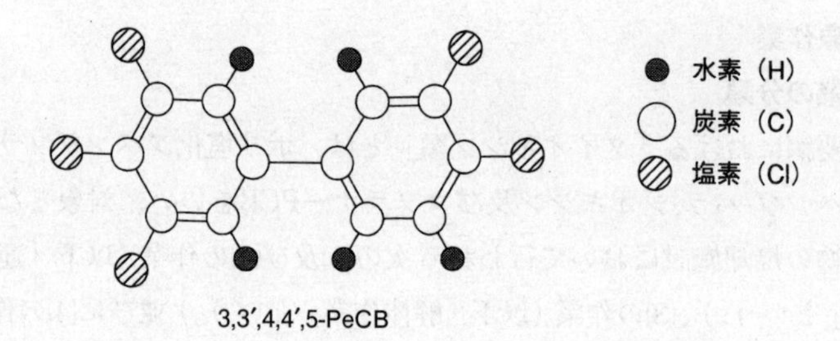


3,3′,4,4′,5-PeCB

ダイオキシン類

(1) 廃棄物の焼却施設におけるばいじん及び焼却灰その他の燃え殻の取扱いの業務に係る作業

具体的には、

ア　焼却炉、集じん機等の内部で行う灰出しの作業

イ　焼却炉、集じん機等の内部で行う設備の保守点検等の作業の前に行う清掃等の作業

ウ　焼却炉、集じん機等の外部で行う焼却灰の運搬、飛灰（ばいじん等）の固化等焼却灰、飛灰等を取り扱う作業

エ　焼却炉、集じん機等の外部で行う清掃等の作業

オ　焼却炉、集じん機等の外部で行う上記ア及びイの作業の支援及び監視等の作業

(2) 廃棄物の焼却施設に設置された廃棄物焼却炉、集じん機等の設備の保守点検等の業務に係る作業

具体的には、

ア　焼却炉、集じん機等の内部で行う設備の保守点検等の作業

イ　焼却炉、集じん機等の外部で行う焼却炉、集じん機その他の装置の保守点検等の作業

ウ　焼却炉、集じん機等の外部で行う(2)のアの作業の支援、監視等の作業

ただし、保守点検等に伴い、ばいじん及び焼却灰その他の燃え殻等を取り扱う場合は、上記(1)の作業に該当すること。

(3) 廃棄物の焼却施設に設置された廃棄物焼却炉、集じん機等の設備の解体等の業務及びこれに伴うばいじん及び焼却灰その他の燃え殻の取扱いの業務に係る作業

具体的には、

ア　廃棄物焼却炉、集じん機、煙道設備、排煙冷却設備、洗煙設備、排水処理設備及び廃熱ボイラー等の設備の解体又は破壊の作業（当該設備を設置場所から第３の３の(3)のオで定める処理施設（以下単に「処理施設」という。）に運搬して行う当該設備の解体又は破壊の作業（以下「移動解体」という。）を含む。）

イ　上記アに係る設備の大規模な撤去を伴う補修・改造の作業

ウ　上記ア及びイの作業に伴うばいじん及び焼却灰その他の燃え殻を取り扱

う作業

ただし、耐火煉瓦の取替え等、定期的に行う点検補修作業で大規模な撤去を伴わない作業については、上記(2)の作業に該当すること。

(4) 移動解体の対象となる設備を処理施設に運搬する作業

なお、本対策要綱の適用対象は、事業場に設置されたダイオキシン類対策特別措置法施行令（平成11年政令第433号）別表第１第５号に掲げる廃棄物焼却炉（火床面積が0.5平方メートル以上又は焼却能力が１時間当たり50キログラム以上のものに限る。）を有する廃棄物の焼却施設において行われる作業であるが、本対策要綱の適用対象より小規模の焼却施設において行われる作業についても、本対策要綱に準じばく露防止対策を講ずることが望ましいものであること。

**【関係法令】**

**ダイオキシン類対策特別措置法施行令**（平成11年政令第433号）

別表第１　（第１条関係）

１から４まで（略）

５　廃棄物焼却炉であって、火床面積（廃棄物の焼却施設に２以上の廃棄物焼却炉が設置されている場合にあっては、それらの火床面積の合計）が0.5平方メートル以上又は焼却能力（廃棄物の焼却施設に２以上の廃棄物焼却炉が設置されている場合にあっては、それらの焼却能力の合計）が１時間当たり50キログラム以上のもの

**【解説と資料】**

廃棄物焼却炉の定義は、ダイオキシン類対策特別措置法施行令別表第１第５号に規定されている。廃棄物の焼却施設（ダイオキシン類対策特別措置法第12条第１項の規定に基づく特定施設の設置の届出がなされているものに限る。）に、複数の廃棄物焼却炉がある場合には、そのすべての廃棄物焼却炉を１つの焼却炉とみなして、その火床面積又は焼却能力の合計により労働安全衛生規則（以下「安衛則」という。）の適用の有無を判断することとなる。この場合、同一敷地内であっても、第一処理場、第二処理場のように２以上の焼却施設として届出が行われている場合には、各々の焼却施設ごとに安衛則の適用の有無を判断する。

なお、休廃止した焼却施設にある焼却炉及び特定施設の設置の届出対象でない焼却炉については、集じん機、煙道等設備の一部が共有されているもの

でない限り、個々の焼却炉ごとに適用を判断することとなる。

作業の分類の補足

ア　運転、点検等の作業に含まれるもの

(ア)　耐火煉瓦の取替えなどの定期補修等

耐火煉瓦の取替えに併せて、損傷した炉壁の一部を補修するために構造物の一部を撤去することは、「大規模な撤去」には該当しないこと。

(イ)　廃棄物焼却炉、集じん機等の設備の外部の土壌に堆積したばいじん、焼却灰その他の燃え殻（以下「残留灰」という。）を除去する作業

廃棄物の焼却施設において、残留灰を除去する作業については、当該焼却施設が運転中であるか否かを問わず、対策要綱の1の(1)の作業として取り扱うこと。ただし、当該燃え殻が、廃棄物焼却炉、集じん機等の設備の解体等に伴って発生するものについては、対策要綱の1の(3)に該当するものであること。

なお、廃棄物焼却炉、集じん機等の設備の解体等の業務を請け負う事業者が、残留灰の除去作業を併せて請け負うことが多いことに鑑み、解体作業を請け負う事業者の便宜のため、対策要綱の第3の「3　解体作業において講ずべき措置」においては、解体作業に併せて残留灰を除去する作業を行う場合の留意事項を付記していること。廃棄物焼却炉、集じん機等の設備の解体等の業務の発注に際し、必ずしも残留灰の除去作業を求めるものではないが、解体作業を完了した後に廃棄物の焼却施設内に残された残留灰については、廃棄物の焼却施設を管理する事業者が引き続き管理する必要があることに留意すること。

イ　解体作業に含まれるもの

(ア)　廃棄物焼却炉、集じん機、煙突等の設備の主要部分の撤去

定期補修の機会をとらえて実施する作業であっても、廃棄物焼却炉、集じん機等の計画的な設備更新、煙突の取外し作業、数回の定期補修時に分割して行う煙道の交換のように、既存の構造物の一定部分を取り壊すものについては、「大規模な撤去」に該当すること。

なお、小型の廃棄物焼却炉の煙突の取外しの特例については、P.25の［解説と資料］を参照のこと。

(イ)　廃棄物焼却炉、集じん機等の設備の解体等の業務に伴い生じたばいじん、焼却灰その他の燃え殻を除去する作業

廃棄物焼却炉、集じん機等の設備の解体等の業務において、設備内に残された燃え殻のほか、付着物の除去や取外し作業により生じた汚染物を取り扱う作業は、解体作業に含まれること。

ウ　運搬作業の範囲

運搬作業には、廃棄物の焼却施設における取り外した設備の運搬車への積込み、当該設備の廃棄物の焼却施設から処理施設までの運搬及び処理施設における当該設備の積下ろしが含まれること。運搬作業については、安衛則第36条及び同第592条の２から第592条の７までの規定は適用されないが、設備の積込み、積下ろしを行っている間、設備の覆い等が破損する場合に備え、対策要綱の別紙３に示すレベル１以上の保護具を使用する必要があること。

## 2　遠隔操作等で行う作業及びばく露の少ない廃棄物焼却炉における作業の適用関係

⑴　遠隔操作等で行う作業

本対策要綱は、①ガラス等により隔離された場所において遠隔操作で行う作業、②密閉系で灰等をベルトコンベア等で運搬するのを監視する作業等、焼却灰及び飛灰に労働者がばく露することのない作業については、適用されないものであること。

**【解説と資料】**

本件の適用は、完全に密閉の状態で行うものに限られるものであり、特に、解体等の作業において単に養生等が十分に行われることをもって「労働者がばく露することのない作業」に該当するものではないこと。

⑵　ばく露の少ない焼却炉における作業

本対策要綱は、運転、点検等作業について、下記のアからエに掲げる条件を全て満たす焼却炉における作業については、ダイオキシン類にばく露することが少ないため、本対策要綱のうち法令に定める事項である第３の１の⑴、⑵、⑶及び⑹のイ、並びに第３の２の⑵のアに定める事項に限り適用することとする。なお、これ以外の事項については、必要に応じて適用すること。

ア　ダイオキシン類特別措置法（平成11年法律第105号）第28条に定めるばい

じん及び焼却灰その他の燃え殻のダイオキシン類の測定結果が3000（pg-TEQ/g-dry）より低いこと。

イ　第３の２の(2)のア及びウの空気中のダイオキシン類濃度の測定結果から別紙２により決定する管理区域が、第１管理区域であること。

ウ　屋外に設置された焼却炉であること。

エ　単一種類の物を焼却する専用の焼却炉であること。

**【解説と資料】**

エの「単一種類の物を焼却する専用の焼却炉」として、屋外に設置された製材及び集成材専用の焼却炉については、標準的なＤ値が定められており、対策要綱の別紙１の７の(3)のウと同一であること。

## 第３　ばく露防止対策

### １　運転、点検等作業及び解体作業において共通して講ずべき措置

(1)　特別教育

運転、点検等作業又は解体作業を行う事業者（以下「対象作業を行う事業者」という。）は、労働者に労働安全衛生規則第592条の７及び安全衛生特別教育規程（昭和47年労働省告示第92号）に定めるところにより、特別教育を行うこと。

**【解説と資料】**

特別教育は、運転、点検等作業及び解体作業に係る業務に労働者を就かせるに当たり、事業者が実施することとされており、当該特別教育の科目、範囲及び時間は次のとおりである。

①　ダイオキシン類の有害性（0.5時間）
・ダイオキシン類の性状

②　作業の方法及び事故の場合の措置（1.5時間）
・作業の手順
・ダイオキシン類のばく露を低減させるための措置
・作業環境改善の方法
・洗身及び身体等の清潔の保持の方法
・事故時の措置

③　作業開始時の設備の点検（0.5時間）
・ダイオキシン類のばく露を低減させるための設備についての作業開始時の点検

④　保護具の使用方法（１時間）

・保護具の種類、性能、洗浄方法、使用方法及び保守点検の方法

⑤　その他ダイオキシン類のばく露の防止に関し必要な事項（0.5時間）

・労働安全衛生法、労働安全衛生法施行令及び労働安全衛生規則中の関係条項

・ダイオキシン類のばく露を防止するため当該業務について必要な事項

なお、これらに適合した特別教育用テキストとして、「ダイオキシン類のばく露を防ぐ」（中央労働災害防止協会発行）がある。

⑵　作業指揮者の選任

対象作業を行う事業者は、労働安全衛生規則第592条の６に定めるところにより、化学物質についての知識を有する者等の中から作業指揮者を選任し、作業を指揮させるとともに、作業に従事する労働者の保護具の着用状況及びダイオキシン類を含む物の発散源の湿潤化の確認を行わせること。

なお、コンクリート造の工作物の解体作業等においては、併せてコンクリート造の工作物の解体等作業主任者を選任する必要があること。

**【解説と資料】**

作業指揮者の選任に当たり資格等特段の制限はないが、事業者は、選任した作業指揮者に付着物の除去、ダイオキシン類を含む物の発散源の湿潤化及び保護具に係る措置が安衛則第592条の３から第592条の５までの規定に適合して講じられていることを点検させる義務があることに留意すること。

なお、作業指揮者を養成する観点から、中央労働災害防止協会等において作業指揮者教育講習が、また、安全衛生教育センターでダイオキシン類作業従事者特別教育インストラクターコースが開催されている。

⑶　発散源の湿潤化

対象作業を行う事業者（第２の１の⑵の作業のみを行う事業者を除く。）は、労働安全衛生規則第592条の４に定めるところにより、作業場におけるダイオキシン類を含む物の発散源を湿潤な状態のものとしなければならないこと。ただし、当該発散源を湿潤な状態のものとすることが著しく困難なときは、この限りではないこと。

**【解説と資料】**

「著しく困難なとき」とは、湿潤化のために用いた水が周辺におかれた電気機器等に直接かかることにより当該機器が壊れるおそれがある等技術的に困難なときに限られること。耐火煉瓦の補修に当たっては、補修を行わない部分の養生を行った上で、補修を行う部分を湿潤化することにより粉じんの発生を抑制し、運転開始前に乾燥させることにより劣化を防止できるものであること。

また、ダイオキシン類を含む物がすす等撥水性のもので、水により粉じんの飛散防止措置をとることが困難な場合には、粉じん飛散抑制剤を用いる方法があること。

⑷　健康管理

対象作業を行う事業者は、労働者に対し、労働安全衛生法に基づく一般健康診断を確実に実施するとともに、ダイオキシン類へのばく露による健康不安を訴える労働者に対して、産業医等の意見を踏まえ、必要があると認める場合に、就業上の措置等を適切に行うこと。

また、事故、保護具の破損等により当該労働者がダイオキシン類に著しく汚染され、又はこれを多量に吸入したおそれのある場合は、速やかに当該労働者に医師による診察又は処置を受けさせること。なお、この場合には、必要に応じて、当該労働者の血中ダイオキシン類濃度測定を行い、その結果を記録して30年間保存しておくこと。

⑸　就業上の配慮

対象作業を行う事業者は、女性労働者については、母性保護の観点から、廃棄物焼却施設における運転、点検等作業及び解体作業における就業上の配慮を行うこと。

**【解説と資料】**

胎児期は、臓器や機能が形成される重要な時期であり、ダイオキシン類の毒性に対する感受性が特に高いとされていることから、女性労働者については、ダイオキシン類のばく露を防止する観点から母性保護が必要なものであること。

⑹　保護具

対象作業を行う事業者は、次の措置を講ずること。

ア　保護具の管理

(ア)　保護具の着用状況の管理

a　労働者に対する呼吸用保護具の着脱訓練の実施

労働者に対して、呼吸用保護具のフィットテストの方法、緊急時の対処方法及び呼吸用保護具の正しい着脱方法・着脱手順等について訓練を行うことにより習得させること。

b　作業開始前における保護具の着用状況の確認

労働者に保護具の着用状況の確認を相互に行わせること。

(イ)　作業後における保護具の取外し等

作業を行った後の保護具は汚染されているおそれがあることから、以下の措置を講ずること。

a　作業場と更衣場所の間に保護具の汚染及び焼却灰等を除去するためのエアシャワー等の汚染物除去設備を設けること。

b　保護具の着脱は、ア(イ)のaの汚染物除去設備が存在する場所ではなく更衣場所において行うこと。また、保護具は更衣場所から汚染された状態で持ち出させないこと。

(ウ)　保護具は日常の保守点検を適切に行うこと。

(エ)　ダイオキシン類で汚染されたおそれのある保護具は、使い捨てが指定されているもの及び手入れの方法が別に定められている呼吸用保護具のろ過材及び吸収缶を除き、清水、温水、中性洗剤及びヘキサン等により洗浄すること。

(オ)　ダイオキシン類で表面が汚染されたおそれのある治具・工具及び重機

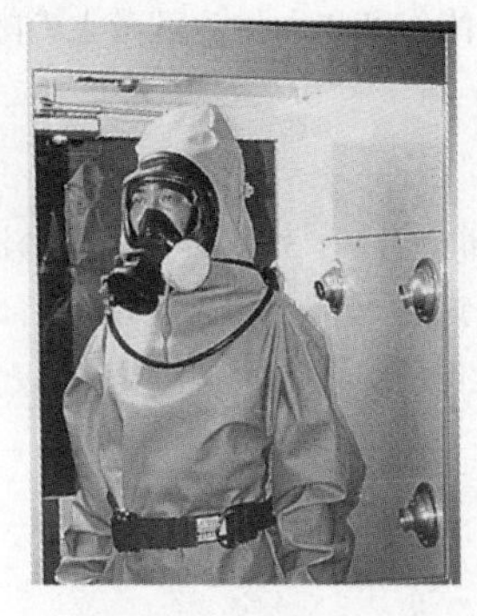

エアシャワー

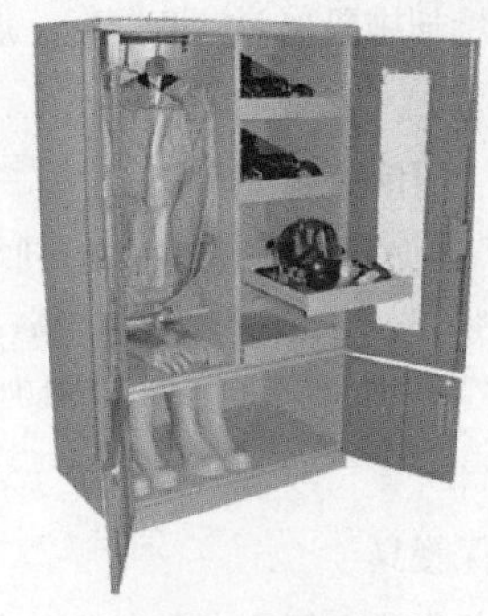

保護具保管庫

等の機材は、使い捨てが指定されているものを除き、清水、温水、中性洗剤及びヘキサン等により洗浄すること。

(カ) ヘキサン等により洗浄する場合は、溶解したダイオキシン類によるばく露防止措置を講ずること。

(キ) プレッシャデマンド形エアラインマスクには、ダイオキシン類、一酸化炭素等の有害物質、オイルミスト及び粉じん等を含まない清浄な空気を供給すること。

イ 保護具の選定

労働安全衛生規則第592条の5に定めるところにより別紙3に示す保護具について、運転、点検等作業については別紙4に掲げる方法で、解体作業については別紙5に掲げる方法で選択し労働者に使用させること。

**【解説と資料】**

ダイオキシン類ばく露防止の観点から、労働衛生保護具を適切に使用することにより、呼吸による粉じんやガス状物質のばく露を防止するとともに、皮膚への接触や手指に付着した粉じんが口に入ることを防止することが重要であること。

ア 対策要綱の1の(1)及び(2)に掲げる運転、点検等作業並びに(3)に掲げる解体作業に労働者を従事させるときは、2の(1)に該当する場合を除き、別紙3に示す保護具を使用させること。また1の(4)に掲げる運搬作業においては、運搬車への設備の積込み及び運搬車からの設備の積下ろしに従事する労働者に対し、別紙3に示すレベル1以上の保護具を使用させること。

なお、別紙3に示す保護具は、現時点で利用可能な保護具を区分したものであり、保護具の選定に当たっては、日本工業規格（編注・現行は「日本産業規格」）(JIS) の動向その他技術開発を踏まえて判断すること。

イ 1年以内ごとに実施される炉等内部の定期補修においては、前回定期補修時の測定結果を用いて保護具を選定して差し支えないこと。

ウ 対策要綱の別紙3において、今般、レベル1の呼吸用保護具として追加された電動ファン付き呼吸用保護具（編注・現行は「防じん機能を有する電動ファン付き呼吸用保護具」。以下同様。）は、呼吸用保護具の面体の内部が常に陽圧に保たれるため、防じんマスクと比較して、顔面と面体との隙間からの漏れが小さく高い防護効果が期待できるとともに、呼吸時における労働者への負担が小さい特徴がある。このため、解体作業及び残留灰除去作業のうち、ガス状ダイオキシン類が発生するおそれのない作業を対象に、積極的に活用することが望ましい。電動ファン付き呼吸用保護具の規格は、JIS T 8157「電動ファン付き呼吸用保護具」によること。

ただし、高所作業又は臨時の作業においては下記のとおりとすること。

(ア) 高所作業における特例

レベル3の保護具を使用する作業場における高所作業で、エアラインのホースが作業の妨げとなる場合又はエアラインのホースの当該場所までの延長が困難な場合は、当該作業場所近傍に十分な能力を有するエアラインの接続箇所を設置するとともに、各接続箇所間の移動においては、プレッシャデマンド形エアラインマスクでエアラインを外した時、防じん防毒併用呼吸用保護具となるものを使用させること。

なお、エアラインの接続箇所の設置が困難である場合には、プレッシャデマンド形空気呼吸器を使用させること。また、墜落防止のため、安全な作業床を設けること。なお、安全な作業床を設けることが困難である場合には、安全帯を使用する等墜落防止措置を講ずること。

(イ) 臨時の作業における特例

レベル3の保護具を使用する作業場において足場の設置・解体作業等臨時の作業を行う場合であって、エアラインマスクを使用することが困難な場合には、次のaからcまでに掲げる措置を講じた上で、防じん機能付き防毒マスクを使用して作業を行わせても差し支えないものであること。ただし、作業前に測定した空気中のダイオキシン類濃度について、第3の2の(2)のウの管理区域の決定方法によって行った管理区域（解体作業にあってはこれを準用した管理区域）が第3管理区域となるときは、プレッシャデマンド形空気呼吸器を使用させること。

a 作業前に床面の清掃を行うこと。

b デジタル粉じん計等により、作業を行っている間に連続して空気中の粉じん濃度の測定を実施すること。

c 作業を行っている間、粉じん及びガス状のダイオキシン類を発散させるおそれのある作業を中断すること。

(7) 休憩室使用の留意事項

対象作業を行う事業者は、労働者の作業衣等に付着した焼却灰等により、休憩室が汚染されない措置を講ずること。

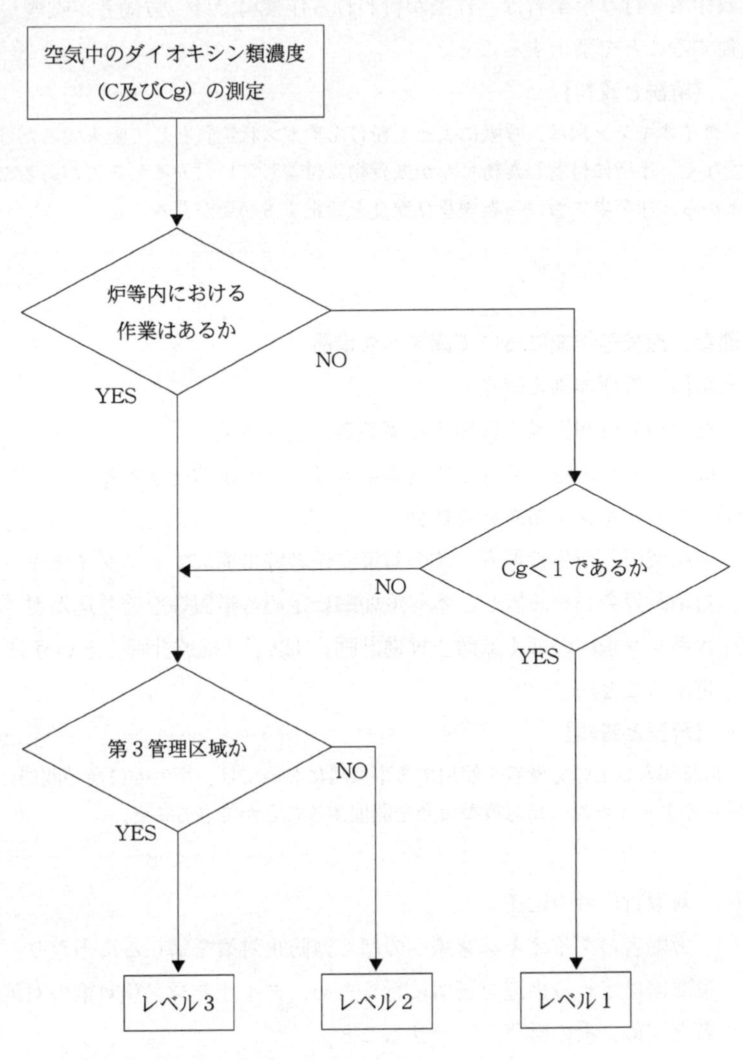


(注)
C：空気中の濃度の測定結果 (pg-TEQ/㎥)
Cg：ガス体の測定値 (pg-TEQ/㎥)
なお、Cg⊆Cであり、Cgに代えてCを用いても可
炉等内における作業：炉等内における灰出し、清掃、保守点検等の作業

**運転、点検等作業における保護具選定の流れ**

⑻　喫煙等の禁止

対象作業を行う事業者は、作業が行われる作業場では、労働者が喫煙し、又は飲食することを禁止すること。

**【解説と資料】**

ダイオキシン類は、呼吸によって粉じんやガス状物質として吸入するだけでなく、手指に付着した粉じんが飲食物に付着して口に入るおそれがあることから、作業場における喫煙及び飲食を禁止する必要があること。

## 2　運転、点検等作業において講ずべき措置

⑴　安全衛生管理体制の確立

ア　廃棄物の焼却施設を管理する事業者の実施事項

廃棄物の焼却施設を管理する事業者は、次の措置を講ずること。

㈠　ダイオキシン類対策委員会

産業医、衛生管理者、㈡の対策責任者等で構成する「ダイオキシン類対策委員会」を設置し、本対策要綱に定める措置等を盛り込んだ「ダイオキシン類へのばく露防止推進計画」（以下「推進計画」という。）を策定すること。

**【解説と資料】**

常時50人以上の労働者を使用する事業場においては、衛生委員会の開催に併せてダイオキシン類対策委員会を開催することができること。

㈡　対策責任者の選任

労働者のダイオキシン類へのばく露防止対策を講じるに当たり、本対策要綱に定める措置を適切に行うため、ダイオキシン類対策の対策責任者を定め、次の職務を行わせること。

a　ダイオキシン類対策委員会の運営及び推進計画の委託先事業者、関係請負人等への周知

b　㈢の協議組織の運営

c　その他推進計画の実施に関する事項

㈲　委託先事業者、関係請負人等との協議組織

廃棄物の焼却施設における作業の全部又は一部を他に委託し、又は請負人に請け負わせている場合には、全ての関係事業者が参加する協議組織を設置し、当該作業を行う労働者のダイオキシン類へのばく露防止を図るため推進計画に基づく具体的な推進方法等を協議すること。

イ　受託事業者又は関係請負人の実施に関する事項

運転、点検等作業の全部又は一部を受託し、又は請け負っている事業者は、ダイオキシン類対策の実施責任者を定め、推進計画を踏まえた対策を実施させること。

⑵　空気中のダイオキシン類濃度の測定

運転、点検等作業を行う事業者は、次の措置を講ずること。なお、廃棄物の焼却施設を管理する事業者が、既に測定を行っている場合については、この結果を用いて差し支えないこと。

ア　空気中のダイオキシン類の測定

運転、点検等作業が常時行われる作業場について、労働安全衛生規則第592条の２に定めるところにより、別紙１の方法により、空気中のダイオキシン類濃度の測定を行うこと。（編注・**資料９**参照）

**【解説と資料】**

定期補修等における作業についても、空気中のダイオキシン類濃度の測定を行う必要があること。

本規定は、突発的な設備故障等が発生した場合に、空気中のダイオキシン類の測定結果を待たずに緊急の復旧作業（解体作業に該当する場合を除く。）を行うことを妨げるものではないが、通常運転時等における空気中のダイオキシン類の濃度から当該作業におけるダイオキシン類濃度を推定する等により、安衛則第592条の５に基づく適切な保護具を選定する必要があること。

イ　測定結果の保存

測定者、測定場所を示す図面、測定日時、天候、温度・湿度等測定条件、測定機器、測定方法、ダイオキシン類濃度等を記録し、30年間保存すること。

ウ　管理区域の決定

作業環境評価基準（昭和63年労働省告示第79号）に準じて、別紙２の方法により管理区域を決定すること。

なお、ダイオキシン類の管理すべき濃度基準は、2.5pg-TEQ/$m^3$とすること。

エ　焼却灰等の粉じん、ガス状ダイオキシン類の発散防止対策

ウの結果、第２管理区域又は第３管理区域となった作業場において、次に掲げる方法等により、焼却灰等の粉じん及びガス状ダイオキシン類の発散を防止する対策を行うこと。

(ア)　燃焼工程、作業工程の改善

(イ)　発生源の密閉化

(ウ)　作業の自動化や遠隔操作方法の導入

(エ)　局所排気装置及び除じん装置の設置

(オ)　作業場の湿潤化

なお、以上の測定についてのダイオキシン類分析は、国が行う精度管理指針等に基づき、適切に精度管理が行われている機関において実施するとともに、その結果については、関係労働者に周知すること。

**【解説と資料】**

関係労働者に周知する方法として、測定結果を労働者が見やすい場所に掲示する方法がある。

## ３　解体作業において講ずべき措置

(1)　対象施設の情報提供

解体作業を行う場合、廃棄物の焼却施設を管理する事業者は、解体作業を請け負った元方事業者等に、解体対象施設の図面、６月以内に測定した対象施設の空気中のダイオキシン類濃度の測定結果及び焼却炉、集じん機等の設備の外部の土壌に堆積したばいじん、焼却灰その他の燃え殻（以下「残留灰」という。）の堆積場所に関する情報等がある場合にはこれを解体作業前に提供すること。

【解説と資料】

ア　廃棄物の焼却施設を管理する事業者は、解体作業を請け負わせるに当たり、６月以内に測定した対象施設の空気中のダイオキシン類濃度の測定結果、残留灰の堆積場所に関する情報等を提供することにより、解体作業を請け負った元方事業者等がダイオキシン類のばく露防止措置を適切に講ずることができるよう配慮すべきこと。

イ　廃棄物の焼却施設を管理する事業者は、使用を廃止した廃棄物の焼却施設について、焼却炉等の設備の解体作業に先立ち、設備内部のダイオキシン類を含む付着物の除去作業を請け負わせるときは、当該作業を行う事業者が行ったサンプリング調査の結果等を当該事業者から入手の上、これを保存し、解体作業を行う事業者に提供すること。

(2)　安全管理体制の確立

解体作業を請け負った元方事業者は、次の措置を講ずること。

ア　統括安全衛生管理体制

労働安全衛生法第15条等に定めるところにより、その労働者及び請負人の労働者の人数に応じ、統括安全衛生責任者又は元方安全衛生管理者等を選任する等、統括安全衛生管理体制の確立を図ること。

イ　関係請負人との協議組織等

労働安全衛生法第30条に定めるところにより、全ての関係請負人が参加する協議組織を設置し、混在作業による危険の防止に関して協議すること。また、関係請負人に対し安全衛生上必要な指導等を行うこと。

【解説と資料】

関係事業者は、ダイオキシン類のばく露防止措置のみならず、特に、解体作業における関係労働者の安全及び熱中症予防や、焼却対象物に由来する各種有害要因、設備の解体に伴って生ずる石綿粉じんその他の有害要因等にも配慮する必要があること。

また、保護具等によりダイオキシン類のばく露防止措置を講じた結果、労働者の視野や行動が制約されることにより墜落、転落等のおそれがないよう、統括安全衛生責任者及び元方安全衛生管理者は、労働者の安全と健康の確保に留意すること。

⑶　移動解体を採用する場合の要件

移動解体を採用する場合には、以下によること。

ア　設備本体の解体を伴わずに運搬ができる設備であること。具体的には、以下の①から③までのいずれかの作業（以下「取外し作業」という。）のみにより運搬ができる状態になるものをいうこと。

①　設備本体の土台からの取外し（土台ごと設備本体をつり上げる場合を含む。）

②　煙突及び配管の設備本体からの取外し

③　煙道（焼却炉の運転により発生した燃焼ガスを焼却炉の燃焼室から煙突まで導く管をいう。以下同じ。）で区切られた設備本体間の連結部の取外し

イ　設備からの汚染物が飛散しないよう、クレーン等を用いた設備本体のつり上げ時に底板が外れるおそれがないなど構造上の問題がないこと。また、底板がない設備については、土台ごと設備本体を吊り上げることにより飛散防止措置を講ずることが可能であること。

ウ　クレーン等を用いた設備等のつり上げ時等に、老朽化等により設備が変形し又は崩壊するおそれがないこと。

エ　運搬車への積込み作業を円滑に行うことができるよう、焼却炉等の設備の周辺に十分な場所を有すること。

オ　処理施設については、以下を満たすものとすること。

㈠　廃棄物の種類に応じて、廃棄物の処理及び清掃に関する法律（昭和45年法律第137号）に基づく一般廃棄物処理施設（ダイオキシン類に係る特別管理一般廃棄物の処理が可能なものに限る。）又は産業廃棄物処理施設（ダイオキシン類に係る特別管理産業廃棄物の処理が可能なものに限る。）として許可を受けたものであること。

㈡　汚染物について、飛散防止措置を講じた上で容器に入れ密封する等の措置を講じ、解体作業を行うまでの間、作業の妨げとならない場所に隔離・保管することのできる設備を有すること。

㈢　運搬車から積下ろし作業を円滑に行うことができるよう、適切な積下ろし場所を有すること。

㈣　「ダイオキシン類基準不適合土壌の処理に関するガイドライン」（平

成23年３月 環境省水・大気環境局土壌環境課）に準じたものとすること。

**【解説と資料】**

移動解体の対象とする廃棄物焼却炉、集じん機等の設備は、必ずしも小型の焼却炉に限らず、規模の大きな設備であっても、煙道を介して連結された各設備についてはボルト締め等がなされた連結部を取り外す等により運搬が可能になれば、移動解体を行うこととして差し支えない旨を明確にしたこと。一方、廃棄物焼却炉の各燃焼室や集じん機等の各設備が、煙道を介さずに直接ボルト締め等で連結されているなど、連結部分の取外しにより設備の構造を維持できないおそれがある場合や、小型の焼却炉であっても、つり上げ時に底板がはずれたり、老朽化により設備の構造が維持できないおそれがある場合には、移動解体を行ってはならないこと。

使用を廃止した廃棄物の焼却施設について、煙突の取外し作業のみを行う場合であっても、解体作業の一環として取り扱うこと。ただし、労働安全衛生法第88条第４項及び安衛則第90条第５号の３に基づく計画の届出を必要としない小規模の廃棄物の焼却施設であって、以下に示す作業方法により作業を行う場合には、空気中のダイオキシン類の測定及びサンプリング調査、付着物の除去及び発散源の湿潤化は要しないこと。

(ア) 煙突を固定しているボルトの取外しについては、手作業により行うものであり、煙突本体の溶断等を行うものでないこと。

(イ) 煙突の取外しにより生ずる煙突及び炉の本体の開口部については、直ちに覆うことにより、ばいじん等の発散が最低限に抑えられるものであること。

(ウ) 本体、煙突ともに養生し、保管すること。

(4) 空気中のダイオキシン類の測定及びサンプリング

解体作業を行う事業者は、次の措置を講ずること。また、残留灰を除去する作業については、(10)にも留意すること。

ア 空気中のダイオキシン類の測定

解体作業が行われる作業場について、別紙１の方法により、空気中のダイオキシン類濃度の測定を単位作業場所ごとに１箇所以上、解体作業開始前、解体作業中に少なくとも各１回以上行うこと。

なお、解体作業前の測定については、処理施設において解体作業を行う場合を除き、廃棄物の焼却施設を管理する事業者が、解体作業開始前６月以内に上記箇所における測定を行っている場合については、この結果を用

いて差し支えないこと。（編注・**資料９**参照）

**【解説と資料】**

隣接する焼却炉等も含め、すべての運転を休止した後1年以上を経過した焼却施設の解体作業を行う場合（過去1年以内に灰出し作業、定期補修作業等粉じんの発生を伴う作業が行われているもの及び処理施設における解体作業を除く。）には、作業前の測定を省略し、保護具の選定に当たっては、測定結果を2.5pg-TEQ/m$^3$未満とみなして差し支えないこと。

イ　解体作業の対象設備の汚染物のサンプリング調査

解体作業の対象設備について、労働安全衛生規則第592条の２に定めるところにより、汚染物のサンプリング調査を事前に実施すること。

(ア)　汚染物のサンプリング調査時のばく露防止対策

汚染物のサンプリング調査作業を行うに当たっては、別紙３に示すレベル３の保護具を着用して作業を行うこと。

なお、上記ア後段の場合においては、別紙３に示すレベル２の保護具として差し支えないこと。

(イ)　サンプリング調査の対象設備及び対象物

サンプリング調査対象設備及び対象物は、次のとおりとすること。

|  | 対象設備 | 対象物 |
|---|---|---|
| a | 焼却炉本体 | 炉内焼却灰及び炉壁付着物 |
| b | 廃熱ボイラー | 缶外付着物 |
| c | 煙突 | 煙突下部付着物 |
| d | 煙道 | 煙道内付着物 |
| e | 除じん装置 | 装置内堆積物及び装置内壁面等付着物 |
| f | 排煙冷却設備 | 設備内付着物 |
| g | 排水処理設備 | 設備内付着物 |
| h | その他の設備 | 付着物 |

なお、サンプリング対象物におけるダイオキシン類含有量が同程度であることが客観的に明らかである場合は、必ずしも全ての対象についてサンプリングする必要はない。例えば、①除じん装置の汚染物においてダイオキシン類含有量3000pg-TEQ/g以下の濃度である場合の焼却炉本体、廃熱ボイラー、煙突及び煙道におけるサンプリングの省略（廃棄物

焼却施設運転中のダイオキシン類の測定結果等により、除じん装置の汚染物における含有量が最も高いことが明らかである場合に限る。）、②煙突と煙道が一体となっている場合の一方の設備におけるサンプリングの省略、③小規模施設で設備ごとの区分ができない場合のサンプリングの一括化等がある。

**【解説と資料】**

汚染物のサンプリングは、安衛則第592条の2第2項により解体工事事業者が行うこととされており、解体作業を開始する前6月以内に行うことを原則とする。ただし、解体方法の決定、保護具の準備等を円滑に行うため、過去1年以内に行われた定期補修時にあらかじめサンプリング、分析されたデータを用いて差し支えない。この場合、廃棄物の焼却施設を管理する事業者が行ったサンプリング、分析であっても、その結果の妥当性（サンプリング後に運転条件が変更されていないか等）、必要な対象物を網羅しているかどうか等の判断は解体工事事業者が行うこと。

(ウ)　追加的サンプリング調査の実施

汚染物のサンプリング調査の結果、3000pg-TEQ/gを超えるダイオキシン類が検出された場合には、その周囲の箇所（少なくとも1点以上）における汚染状況の追加調査を行うこと。

**【解説と資料】**

追加的サンプリング調査は、解体工事の工事日程に影響を及ぼすことも多いことから、追加的サンプリングに代えて、あらかじめ、サンプリング対象物ごとに複数個所のサンプリング及び分析を行うこととして差し支えないこと。

(エ)　サンプリング調査の記録及び記録の保存

サンプリング調査に当たっては、日時（年月日及び時間）、実施者名、サンプリング調査時の温度、湿度、サンプリング調査方法（方法及び使用した工具等）及びサンプリング調査箇所を示す写真・図面等の項目について記録し、その記録を30年間保存すること。

なお、以上の測定、サンプリングについてのダイオキシン類分析は、国が行う精度管理指針等に基づき、適切に精度管理が行われている機関において実施するとともに、その結果については、関係労働者に周知すること。

**【解説と資料】**

関係労働者に周知する方法として、測定結果を労働者が見やすい場所に掲示する方法がある。

⑸　解体作業の計画の届出

労働安全衛生法第88条及び労働安全衛生規則第90条第５号の３に定めるところにより、廃棄物焼却炉（火格子面積が２m²以上又は焼却能力が１時間当たり200kg以上のものに限る。）を有する廃棄物の焼却施設に設置された廃棄物焼却炉、集じん機等の設備の解体等（移動解体における取外し作業及び処理施設での解体作業を含む。）の仕事を行う事業者は、工事開始の日の14日前までに次の書類を添付して、廃棄物の焼却施設の所在地を管轄する労働基準監督署長に対し、計画の届出を行うこと。

ア　仕事を行う場所の周囲の状況及び四隣との関係を示す図面

イ　解体等をしようとする廃棄物焼却施設等の概要を示す図面

具体的には、

解体作業を行う廃棄物焼却施設、建設物の概要を示す図面（平面図、立面図、焼却炉本体、煙道設備、除じん設備、排煙冷却設備、洗煙設備、排水処理設備、廃熱ボイラー等の概要を示すもの。）

ウ　工事用の機械、設備、建設物等の配置を示す図面

エ　工法の概要を示す書面又は図面

オ　労働災害を防止するための方法及び設備の概要を示す書面又は図面

具体的には、

㈠　ダイオキシン類ばく露を防止するための方法及び設備の概要を示す書面又は図面（除去処理工法、作業の概要、除去後の汚染物管理計画、使用する保護具及びその保護具の区分を決定した根拠等）

㈡　統括安全衛生管理体制を示す書面

㈢　特別教育等の労働衛生教育の実施計画

㈣　解体作業が行われる作業場における事前の空気中ダイオキシン類濃度測定結果

㈤　解体作業の対象設備における事前の汚染物のサンプリング調査結果

(カ) 解体作業中の空気中ダイオキシン類濃度測定計画

カ 工程表

なお、これらの書類に記載された内容に大幅な変更が生じるときにはその内容を速やかに所轄労働基準監督署長あて報告すること。

**【解説と資料】**

移動解体における計画の届出は、廃棄物の焼却施設における取外し作業及び処理施設における解体作業を合わせ、廃棄物の焼却施設の所在地を管轄する労働基準監督署長に対して行う必要があること。

「解体作業が行われる作業場」には、移動解体における処理施設を含めること。

(6) 解体方法の選択

解体作業を行う事業者は、①作業前に測定した空気中のダイオキシン類濃度測定結果、②解体作業の対象設備の汚染物のサンプリング調査結果、③付着物除去記録等を用いて別紙6の方法により、管理区域を設定するとともに、解体方法の決定を行うこと。

(7) 付着物除去作業の実施

事業者は、労働安全衛生規則第592条の3に基づき、解体作業実施前に設備（取外し作業にあっては取外しを行おうとする部分に限る。）の内部に付着したダイオキシン類を含む物の除去を十分に実施すること。

当該付着物除去作業の際には、

ア 作業場所を仮設構造物（天井・壁等）又はビニールシート等により他の作業場所と隔離すること。

イ 高濃度の場合には、可能な限り遠隔操作により作業を行うこと。

ウ 煙道等狭隘な場所においては、高圧水洗浄等により付着物除去を行う等、除去作業を行う場所や付着物の状態に応じた適切な措置を講ずること。

なお、高圧水洗浄を行う場合は、作業に従事する労働者が高圧水に直接触れないよう留意するとともに、使用水量を可能な限り抑えるとともに、汚染物を含む水の外部への漏出や地面からの浸透を防止する措置を講ずること。

なお、付着物除去結果の確認のため、付着物除去前後の写真撮影を入念に行い、その結果を保存すること。

【解説と資料】

付着物除去作業は、解体作業に伴うダイオキシン類の発生を防止するために重要であることから、作業指揮者は、耐火煉瓦、不定形耐火物、構造物材料の表面の露出を確認することにより行うとともに、当該箇所の付着物除去の前後の写真を記録した上で、統括安全衛生責任者等により付着物除去作業が十分に行われたことの確認を受けること。

なお、煉瓦、ライニング材のような多孔質材料の付着物除去は十分に行えないことがあり、前述の確認等において付着物除去作業が困難であると判断された場合には、対象物全体をダイオキシン類で汚染された廃棄物として取り扱う必要があること。

⑻　作業場所の分離・養生

事業者は、ダイオキシン類による汚染の拡散を防止するため、管理区域ごとに仮設の天井・壁等による分離、あるいはビニールシート等による作業場所の養生を行うこと。

⑼　移動解体における留意事項

移動解体に当たっては、解体作業を行う事業者は、以下の事項に留意すること。また、処理施設で運搬車から積み下ろした設備の開梱は、アに基づき設定した管理区域内で必要なばく露防止措置を講じた上で行うこと。

ア　取外し作業を行うときは、別紙6の方法により管理区域を設定するとともに、可能な限り溶断以外の方法から使用機材等の決定を行うこと。

　なお、やむを得ず溶断による方法を一部選択して取外し作業を行う場合は、煙突及び煙道等燃焼ガスが通る部分が加熱されないよう配管部分に限定し、かつ、別紙6の4に示す措置及びレベル3の保護具により行うこと。

イ　溶断以外の方法を用いて取外し作業を行う場合であって、設備本体、煙突、配管及び煙道の関係部分を密閉し、その内部の空気を吸引・減圧した状態で外部から作業を行い、作業を行う間を通して常に負圧を保ち汚染物の外部への漏えいを防止する措置を講じた場合は、⑺にかかわらず事前に付着物の除去を行わないことができる。

ウ　廃棄物の焼却施設で取り外した設備については、運搬車への積込みに先立ち、管理区域内においてビニールシートで覆う等により密閉した状態とすること。特に、積込み時の落下等により汚染物が飛散しないよう、厳重に密閉すること。

⑽　残留灰を除去する作業の実施

解体作業に併せて、残留灰を除去する作業を受託し、又は請け負う事業者は、1の各項及び⑾に加えて以下の措置を講ずること。

ア　空気中のダイオキシン類の測定

廃棄物の焼却施設を管理する者からの情報等に基づき、残留灰が堆積している箇所について、別紙1の方法により、空気中のダイオキシン類濃度の測定を単位作業場所ごとに1箇所以上、作業開始前、作業中に少なくとも各1回以上行うこと。

なお、作業前の測定については、廃棄物の焼却施設を管理する事業者が、解体作業開始前6月以内に上記箇所における測定を行っている場合については、この結果を用いて差し支えないこと。

イ　残留灰を除去する作業

残留灰を除去する作業を行う事業者は、以下により作業を行うこと。

(ア)　別紙4により保護具を選定し、別紙3により対応する保護具（ただしレベル1の場合に使用する呼吸用保護具は、電動ファン付き呼吸用保護具）を使用すること。

(イ)　ダイオキシン類による汚染の拡散を防止するため、作業に先立ち、仮設の天井・壁等による分離、あるいはビニールシート等による作業場所の養生を行うこと。

(ウ)　1の⑶に基づき、堆積した残留灰を湿潤な状態のものとした上で、原地面が確認できるまで除去すること。特に土壌からの再発じんにも留意すること。

(エ)　除去結果を後日確認できるようにするため、除去前後の写真撮影を入念に行い、その結果を取りまとめるとともに、廃棄物の焼却施設を管理する事業者に提出すること。

⑾　周辺環境への対応

事業者は、解体作業及び残留灰を除去する作業によって生じる排気、排水及び解体廃棄物による周辺環境への影響を防止するため、次の措置を講ずること。

ア　排気処理

管理区域内のダイオキシン類に汚染された空気及び粉じん等について

は、チャコールフィルター等により適切な処理を行った上で、排出基準に従い、大気中に排出すること。

イ　排水処理

解体作業及び残留灰を除去する作業により生じるダイオキシン類により汚染された排水は、関係法令で定める排出水の基準（10pg-TEQ/l）を満たすことが可能な凝集沈殿法等の処理施設で処理した後、外部に排水すること。なお、未処理の洗浄水及び凝集沈殿処理を行った凝集汚染物は、特別管理廃棄物として処理すること。

ウ　解体廃棄物の処理

汚染除去された又は除去する必要のない解体廃棄物については、廃棄物の処理及び清掃に関する法律に沿って、一般廃棄物、産業廃棄物及び特別管理産業廃棄物ごとに、廃棄物の種類に応じて分別して排出し、処分すること。

分別作業に際してはサンプルのダイオキシン類分析結果等を参考にして、それぞれの汚染状況に応じて関係法令に基づき処理又は処分されるまでの間一時保管を行うこと。

また、高濃度汚染物の詰替えを行う場合は作業を行う場所を保護具選定に係る第３管理区域とすること。

**【解説と資料】**

3000pg-TEQ/gを超える高濃度汚染物を常時直接取り扱う作業、例えば高濃度汚染物の無害化処理作業等に当たっては、作業を行う場所を保護具選定に係る第３管理区域とし、かつ対策要綱の別紙５によりレベル４の保護具を使用する必要があること。

エ　その他廃棄物の処理

付着物除去作業及び解体作業によって生じた汚染物は、飛散防止措置を講じたうえで密閉容器に密封し、関係法令に基づき処理されるまでの間、作業の妨げとならない場所に隔離・保管すること。

オ　周辺環境等の調査

すべての解体作業及び残留灰を除去する作業終了後、当該施設と施設外の境界部分及び残留灰を除去する作業を完了した箇所において環境調査を行うこと。

【解説と資料】

・敷地境界部分における環境調査

解体作業終了後に行う周辺環境等の調査は、解体作業が周辺環境に影響を与えたかどうかを事業者として確認又は記録する趣旨のものであり、環境関係法令や条例等の定めがある場合はこれに従うこと。

・残留灰を除去する作業を完了した箇所における環境調査

原地盤上面の状況を写真等により記録するとともに、周辺への汚染の広がりがないことを確認すること。また、原地盤土壌がダイオキシン類に汚染されているおそれがある場合には、廃棄物の焼却施設として引き続き管理する場合を除き、「ダイオキシン類による大気の汚染、水質の汚濁（水底の底質の汚染を含む。）及び土壌の汚染に係る環境基準」（平成11年環境庁告示第68号）に規定する方法で、原地盤上面をサンプリング調査することが望ましいこと。

### ４　運搬作業において講ずべき措置

⑴　対象設備の情報提供

移動解体において、取外し作業を行った事業者は、運搬を他の事業者に請け負わせる場合には、請け負った事業者に対し、空気中のダイオキシン類の測定及び解体作業の対象設備の汚染物のサンプリング調査の結果、取外し作業の概要及び移送に当たり留意すべき事項に関する情報を提供すること。

⑵　荷の積込み及び積下ろし時における措置

廃棄物の焼却施設における取り外した設備の積込み及び処理施設における荷の積下ろしは、以下により行うこと。なお、積込みに先立ち設備を密閉する作業及び積み下ろした設備を開梱する作業については、解体作業の一環として行う必要があること。

ア　廃棄物の焼却施設で取り外した設備については、ビニールシート等で覆われ密閉された状態であることを確認した後に、運搬車への積込みを行うこと。

イ　運搬に使用するトラック等の荷台への積込みは、運搬中を通じて安定的に密閉状態を維持できるように行うこと。

ウ　処理施設での荷の積下ろしに当たっては、あらかじめ設備の覆い等に破損がないことを確認した上で、密閉した状態のままで行うこと。また、設備の覆い等に破損がみられた場合は、補修する等により密閉した状態とした上でなければ積下ろしを行ってはならないこと。

エ　荷の積込み及び積下ろしを行っている間、1の(6)に準じ、別紙3に掲げるレベル1相当以上の保護具を使用すること。

(3)　運搬時の措置

ア　運搬は、設備等が変形し、又は破損することがないような方法で行うこと。なお、小型焼却炉や集じん機等、横倒しにより汚染物が漏えいするおそれのあるものについては、横倒しの状態で運搬しないこと。

イ　取り外された設備の処理施設への運搬においては、廃棄物の処理及び清掃に関する法律に基づき、廃棄物の種類に応じて、許可を受けた廃棄物収集運搬業者その他の廃棄物の運搬を行うことができる者が、廃棄物の収集又は運搬の基準に従い行うこと。

別紙１

## 空気中のダイオキシン類濃度の測定方法

作業環境における空気中のダイオキシン類の濃度測定は、作業環境測定基準（昭和51年労働省告示第46号）に準じた次の方法により行うこと。（編注・資料３参照）

### １　測定の頻度

運転、点検等作業について、６か月以内ごとに１回、定期に実施すること。また、施設・設備、作業工程又は作業方法について大幅な変更を行った場合は、改めて測定を行うこと。

**【解説と資料】**

１年に１回行われる定期補修等６月を超える期間ごとに行われる作業については、その期間ごとに測定を実施すれば足りること。また、施設・設備、作業工程及び作業方法等に大幅な変更がない範囲において、過去に算出したD値を用いてダイオキシン類の濃度を求めて差し支えないこと。

### ２　測定の時間帯

焼却炉、集じん機及びその他の装置の運転等の作業が定常の状態にある時間帯に行うこと。

なお、作業場が屋外の場合には、雨天、強風等の悪天候時は避けること。

## ３　測定の位置

⑴　作業場が屋内の場合

次により、測定を行うこと。

ア　A測定に準じた測定を行うこと。また、その測定点は、単位作業場所（当該作業場の区域のうち労働者の作業中の行動範囲、有害物の分布等の状況等に基づき定められる測定のために必要な区域をいう。以下同じ。）の床面上に６メートル以下の等間隔で引いた縦の線と横の線との交点の床上50センチメートル以上150センチメートル以下の位置（設備等があって測定が著しく困難な位置を除く。）とすること。さらに、測定点の数は、単位作業場所について５以上とすること。

**【解説と資料】**

廃棄物焼却炉の内部において保守点検等の作業を行う場合には、炉の内部についても空気中のダイオキシン類濃度の測定を行うこと。ただし、単位作業場所が著しく狭い場合であって、当該単位作業場所におけるダイオキシン類の濃度がほぼ均一であることが明らかなときは、測定点の数を５未満とし、又はB測定に準じた測定をもって代えることができること。

イ　粉じんの発散源に近接する場所において作業が行われる単位作業場所にあっては、アに定める測定のほか、当該作業が行われる時間のうち粉じんの濃度が最も高くなると思われる時間に、当該作業の行われる位置においてB測定に準じた測定を行うこと。

**【解説と資料】**

粉じんの発散源に近接する場所において作業が行われない単位作業場所であって、B測定に準じた測定を行わない場合は、別紙４又は別紙５におけるB測定値は、2.5pg-TEQ/m$^3$未満とみなし、もっぱらA測定に準じた測定により求めた第１評価値及び第２評価値により管理区域を決定すること。

⑵　作業場が屋外の場合

粉じんの発散源に近接する場所ごとに、B測定に準じた測定を行うこと。

## 4　空気中のダイオキシン類及び総粉じんの濃度測定

(1)　粉じん、ガス状物質及び微細粒子のダイオキシン類濃度を測定する場合

空気中のダイオキシン類の濃度測定に際してはハイボリウムサンプラーに粉じん捕集ろ紙とウレタンフォームが直列に装着できるウレタンホルダをセットした上で測定を行うこと。

また、測定結果の分析の際にはろ紙上の粉じんとウレタンフォームに捕集されたガス状物質及び微細粒子を合計し、ガス状物質及び微細粒子合計のダイオキシン類を分析すること。

なお、以下アからウの場合には、ガス状物質及び微細粒子を別々に分析し、それぞれのダイオキシン類を算出すること。

ア　廃棄物焼却施設の解体作業前に測定するダイオキシン類の測定

イ　高温作業場所のような適切な保護具等の選定が不可欠である場合のダイオキシン類の測定

ウ　運転、点検等作業において保護具を選定する場合のダイオキシン類の測定

なお、ガス状のダイオキシン類濃度を正しく把握するため、サンプリング時間は、４時間以上（ガス状物質と粉じんの合量としてダイオキシン類濃度を測定する際は、２時間以上）となるようにすること。

**【解説と資料】**

炉等内における灰出し、清掃、保守点検等の作業における特例として、粉じん、ガス状物質及び微細粒子を合計してダイオキシン類濃度を分析し、別紙２により管理区域を決定することとして差し支えないこと。

定期補修等の作業において、１回の作業時間が短い場合には、ウに示すサンプリング時間未満となっても差し支えないが、デジタル粉じん計を用いた併行測定によりろ紙上に捕集される粉じん量を推測する等により、ダイオキシン類の分析に十分な量の粉じんを捕集すること。その場合、捕集される粉じんの量が不足するときは、連続する２日間にわたり捕集した粉じんを合算し、又は複数のサンプリング機器により捕集した粉じんを合算する方法があること。

⑵　空気中の総粉じんの濃度測定方法

ア　ろ過捕集方法及び重量分析方法による場合

試料の採取方法は、ローボリウムサンプラーを用いて、オープンフェイス型ホルダにろ過材としてグラスファイバーろ紙を装着し、吸引量は、毎分20～30リットルとすること。なお、粉じんの測定に関するA測定及びB測定のサンプリング時間は各測定点につき10分間以上とすること。

イ　デジタル粉じん計を用いる方法

空気中の総粉じん濃度の測定については、デジタル粉じん計を用いて差し支えないこと。なお、粉じんの測定に関するA測定及びB測定のサンプリング時間は、各測定点につき10分間以上とすること。

## 5　併行測定について

⑴　単位作業場所（作業が屋外の場合には、粉じん発生源に近接する場所）の１以上の測定点において併行測定を行うこと。

⑵　併行測定点での空気中の総粉じんの濃度測定は、⑶のサンプリング時間と同じ時間併行して行うこと。

⑶　併行測定点での空気中のダイオキシン類の濃度測定は、ろ過捕集方法及びガスクロマトグラフ質量分析方法又はこれと同等以上の性能を有する分析方法によること。また、試料の採取方法は、フィルター、ウレタンフォーム及びハイボリウムサンプラーを用いて、毎分500～1000リットルの吸引量とすること。

## 6　ダイオキシン類の毒性等量の算出方法

ダイオキシン類の毒性等量は、各異性体の濃度に毒性等価係数（ダイオキシン類対策特別措置法施行規則第３条別表第３）を乗じて算出し、それらを合計して算出する。このとき定量下限値、検出下限値との関係においては次のとおり取り扱うこと。

⑴　定量下限値以上の値と定量下限値未満で検出下限値以上の値は、そのまま使用すること。

⑵　検出下限値未満のものは、検出下限値の２分の１の値を用いること。

## 7　D値の算出及びD値を用いたダイオキシン類濃度の推定

日常におけるダイオキシン類濃度の推定は、粉じんに吸着しているダイオキシン類の含有率を算出し、空気中の総粉じんの濃度にその含有率を乗じてダイオキシン類の濃度を推定するため、次によりD値を求め、その値を２回目以降の測定に使用してもよい。ただし、作業場の施設、設備、作業工程又は作業方法について大幅な変更を行った場合は、改めて併行測定を行いD値を再度求めること。

**【解説と資料】**

作業場の施設、設備、作業工程及び作業方法に大幅な変更がない範囲においては、空気中の総粉じんに対するダイオキシン類の割合はほぼ一定とみなし、1回目の測定において算出したD値を2回目以降の測定に使用して差し支えないこと。

なお、D値は、当該単位作業場所においてのみ使用可能であること。

⑴　D値の算出について

４の⑴及び⑵の方法で測定した「空気中の総粉じんの濃度」及び「空気中のダイオキシン類の濃度」を用いて次の式からD値を求めること。

$$D値＝\frac{空気中のダイオキシン類の濃度\ (pg\text{–}TEQ/m^3)}{空気中の総粉じんの濃度\ (mg/m^3)\ 又は\ (cpm)}$$

（ただし、屋内の場合　温度25℃　１気圧
　　　　　屋外の場合　温度20℃　１気圧）

空気中のダイオキシン類濃度 (pg-TEQ/$m^3$) ＝
ろ紙上の粉じん中のダイオキシン類濃度 (pg-TEQ/$m^3$) ＋
ウレタンフォームに捕集されたガス状物質及び微細粒子中のダイオキシン類濃度 (pg-TEQ/$m^3$)

⑵　D値を用いた空気中のダイオキシン類濃度の推定

各測定点の空気中のダイオキシン類濃度は、D値を用いて次式により空気中の総粉じん濃度を用いて評価することができること。

空気中のダイオキシン類濃度（pg-TEQ/m$^3$）

＝D値×空気中の総粉じん濃度（mg/m$^3$）又は（cpm）

⑶ ダイオキシン類濃度が低いと思われる焼却炉の特例

以下アからウの条件で満たす焼却炉は、別途示す通知に基づき、４の⑵のア又はイの方法を用いて、１回目から空気中の総粉じん濃度を測定し、当該通知に示される標準的なD値をもとにダイオキシン類濃度を測定しても差し支えないこと。

ア　ダイオキシン類特別措置法第28条に定めるばいじん及び焼却灰その他の燃え殻のダイオキシン類の測定結果が3000（pg-TEQ/g-dry）より低いこと。

イ　屋外に設置された焼却炉であること。

ウ　単一種類の物を焼却する専用の焼却炉であること。

**【解説と資料】**

「単一種類の物を焼却する専用の焼却炉」とは、「ダイオキシン類濃度測定の特例について」（平成13年10月17日付け基安化発第52号の２）により標準的なD値が示された、屋外に設置された製材及び集成材専用の焼却炉が該当すること。

別紙２

## 作業環境評価基準に準じた管理区域の決定方法

### １　作業場が屋内の場合

空気中のダイオキシン類濃度測定の結果を評価し、単位作業場所を第１管理区域から第３管理区域までに区分すること。なお、第１評価値及び第２評価値とは、作業環境評価基準第３条に準じて計算した評価値をいうものであること。

⑴　第１管理区域

第１評価値及びB測定に準じた測定の測定値（２以上の測定点においてB測定に準じた測定を実施した場合には、そのうちの最大値。１の⑵及び⑶において同じ。）が管理すべき濃度基準に満たない場合

⑵　第２管理区域

第２評価値が管理すべき濃度基準以下であり、かつ、B測定に準じた測定の測定値が管理すべき濃度基準の1.5倍以下である場合（第１管理区域に該当する場合を除く。）

⑶　第３管理区域

第２評価値が管理すべき濃度基準を超える場合又はB測定に準じた測定の測定値が管理すべき濃度基準の1.5倍を超える場合

### ２　作業場が屋外の場合

空気中のダイオキシン類濃度測定の結果を評価し、作業場所を粉じん発生源に近接する場所ごとに第１管理区域から第３管理区域に区分することにより行うこと。

⑴　第１管理区域

測定値が管理すべき濃度基準に満たない場合

⑵　第２管理区域

測定値が管理すべき濃度基準以上であり、かつ、管理すべき濃度基準の1.5倍以下である場合

⑶　第３管理区域

測定値が管理すべき濃度基準の1.5倍を超える場合

別紙３

## 保護具の区分

### １　レベル１

呼吸用保護具　防じんマスク又は電動ファン付き呼吸用保護具
作業着等　粉じんの付着しにくい作業着、保護手袋等
安全靴
保護帽（ヘルメット）

保護衣、保護靴、安全帯、耐熱服、溶接用保護メガネ等は作業内容に応じて適宜使用すること。

呼吸用保護具は、解体作業及び残留灰を除去する作業においては、電動ファン付き呼吸用保護具の使用が望ましいこと。

なお、防じんマスクは、①型式検定合格品であり、②取替え式であり、かつ③粒子捕集効率が99.9％以上（区分RL3又はRS3）のものを使用すること。また、電動ファン付き呼吸用保護具は、①型式検定合格品であり、②大風量形であり、かつ③粒子捕集効率が99.97％以上（区分PS3又はPL3）のものを使用すること。

### ２　レベル２

呼吸用保護具　防じん機能を有する防毒マスク又はそれと同等以上の性能を有する呼吸用保護具
保護衣　浮遊固体粉じん防護用密閉服（JIS T 8115 タイプ５）で耐水圧1000mm以上を目安とすること。ただし、直接水にぬれる作業については、スプレー防護用密閉服（JIS T 8115 タイプ４）で耐水圧2000mm以上を目安とすること。
保護手袋　化学防護手袋（JIS T 8116）
安全靴または保護靴
作業着等　長袖作業着（又は長袖下着）、長ズボン、ソックス、手袋等（これらの作業着等は、綿製が望ましい。）
保護帽（ヘルメット）

保護靴、安全帯、耐熱服、溶接用保護メガネ等は作業内容に応じて適宜使用

すること。

なお、防じん機能を有する防毒マスクは、①型式検定合格品であり、②取替え式であり、③粒子捕集効率が99.9%以上（区分L3又はS3）であり、かつ④有機ガス用のものを使用すること。

## 3　レベル3

| | |
|---|---|
| 呼吸用保護具 | プレッシャデマンド形エアラインマスク（JIS T 8153）又はプレッシャデマンド形空気呼吸器（JIS T 8155）（面体は全面形面体） |
| 保護衣 | 浮遊固体粉じん防護用密閉服（JIS T 8115 タイプ5）で耐水圧1000mm以上を目安とすること。ただし、直接水にぬれる作業については、スプレー防護用密閉服（JIS T 8115 タイプ4）で耐水圧2000mm以上を目安とすること。 |
| 保護手袋 | 化学防護手袋（JIS T 8116） |
| 保護靴 | 化学防護長靴（JIS T 8117） |
| 作業着等 | 長袖作業着（又は長袖下着）、長ズボン、ソックス、手袋等（これらの作業着等は、綿製が望ましい。） |

保護帽（ヘルメット）

安全帯、耐熱服、溶接用保護メガネ等は作業内容に応じて適宜使用すること。

## 4　レベル4

| | |
|---|---|
| 保護衣 | 送気形気密服（JIS T 8115 タイプ1c）、自給式呼吸器内装形気密服（JIS T 8115 タイプ1a）、及び自給式呼吸器外装形気密服（JIS T 8115 タイプ1b） |
| 保護手袋 | 化学防護手袋（JIS T 8116） |
| 保護靴 | 化学防護長靴（JIS T 8117） |
| 作業着等 | 長袖作業着（又は長袖下着）、長ズボン、ソックス、手袋等（これらの作業着等は、綿製が望ましい。） |

保護帽（ヘルメット）

安全帯、耐熱服、溶接用保護メガネ等は作業内容に応じて適宜使用すること。

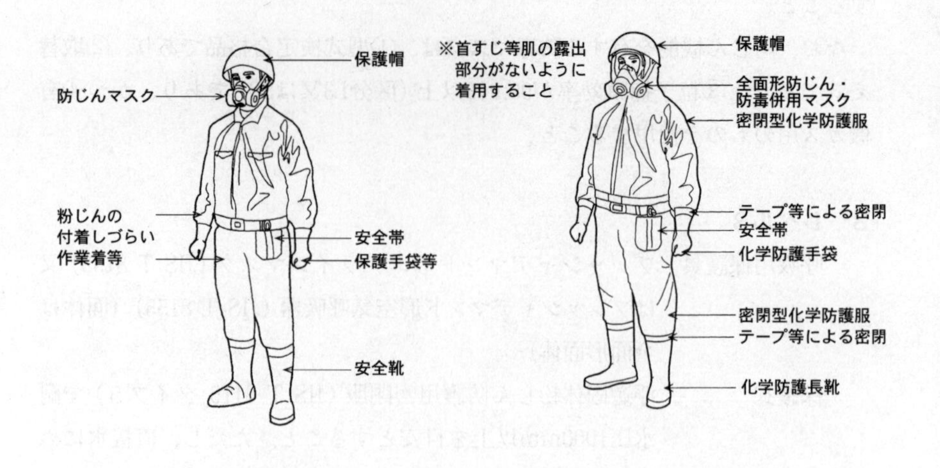
保護帽
防じんマスク
粉じんの
付着しづらい
作業着等
安全帯
保護手袋等
安全靴
レベル1
※首すじ等肌の露出
部分がないように
着用すること
保護帽
全面形防じん・
防毒併用マスク
密閉型化学防護服
テープ等による密閉
安全帯
化学防護手袋
密閉型化学防護服
テープ等による密閉
化学防護長靴
レベル2

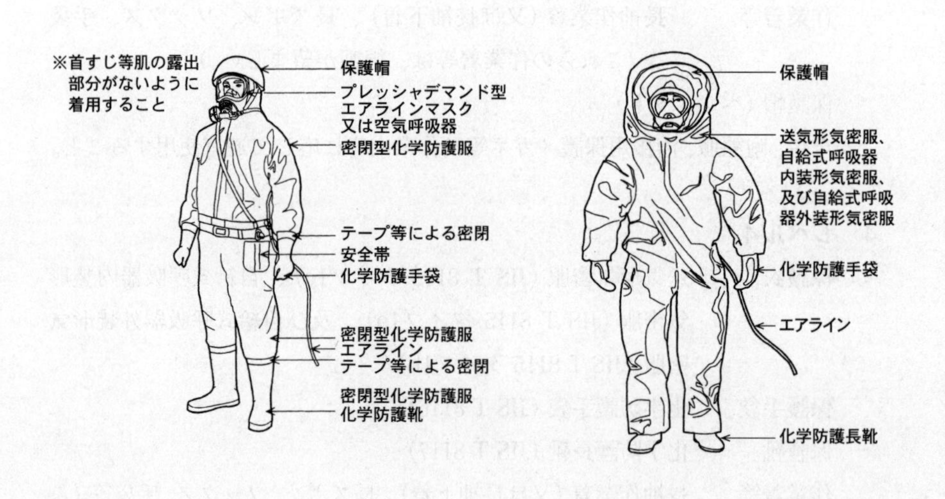
※首すじ等肌の露出
部分がないように
着用すること
保護帽
プレッシャデマンド型
エアラインマスク
又は空気呼吸器
密閉型化学防護服
テープ等による密閉
安全帯
化学防護手袋
密閉型化学防護服
エアライン
テープ等による密閉
密閉型化学防護服
化学防護靴
レベル3
保護帽
送気形気密服、
自給式呼吸器
内装形気密服、
及び自給式呼吸
器外装形気密服
化学防護手袋
エアライン
化学防護長靴
レベル4

保　護　具

## 別紙４

### 運転、点検等作業における空気中のダイオキシン類濃度の測定結果による保護具の選定

運転、点検等作業が行われる作業場における空気中のダイオキシン類濃度の測定（6月以内ごと）

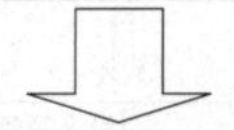

| | 第1評価値<2.5pg-TEQ/m³ | 第2評価値≦2.5pg-TEQ/m³≦第1評価値 | 第2評価値>2.5pg-TEQ/m³ |
|---|---|---|---|
| B測定値<2.5pg-TEQ/m³ | 第１管理区域 | 第２管理区域 | 第３管理区域 |
| 2.5pg-TEQ/m³≦B測定値≦3.75pg-TEQ/m³ | 第２管理区域 | 第２管理区域 | 第３管理区域 |
| 3.75pg-TEQ/m³<B測定値 | 第３管理区域 | 第３管理区域 | 第３管理区域 |

| | |
|---|---|
| 測定値<2.5pg-TEQ/m³ | 第１管理区域 |
| 2.5pg-TEQ/m³≦測定値≦3.75pg-TEQ/m³ | 第２管理区域 |
| 3.75pg-TEQ/m³<測定値 | 第３管理区域 |

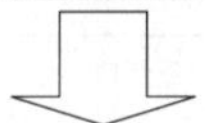

第２管理区域及び第３管理区域については、焼却灰等の粉じん、ガス状ダイオキシン類の防止対策（第３の２の(2)のエ）

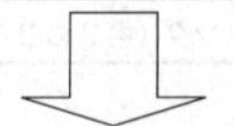

| 作業の種類 | | 保護具の区分 |
|---|---|---|
| 炉等内における灰出し、清掃、保守点検等の作業 | | レベル２（ただし第３管理区域であればレベル３） |
| 炉等外における焼却灰の運搬、飛灰の固化、清掃、運転、保守点検、作業の支援、監視等の業務 | 1 pg-TEQ/m³<ガス体の測定値 | レベル２（ただし第３管理区域であればレベル３） |
| | ガス体の測定値<1 pg-TEQ/m³ | レベル１ |

## 別紙５

### 解体作業における焼却施設の測定結果等による保護具の選定

・解体作業が行われる場所の空気中のダイオキシン類濃度の測定結果（第３の３の(4)のア）

⇩

| | 第１評価値＜2.5pg-TEQ/m³ | 第２評価値≦2.5pg-TEQ/m³≦第１評価値 | 第２評価値＞2.5pg-TEQ/m³ |
|---|---|---|---|
| B測定値＜2.5pg-TEQ/m³ | 第１管理区域 | 第２管理区域 | 第３管理区域 |
| 2.5pg-TEQ/m³≦B測定値≦3.75pg-TEQ/m³ | 第２管理区域 | 第２管理区域 | 第３管理区域 |
| 3.75pg-TEQ/m³＜B測定値 | 第３管理区域 | 第３管理区域 | 第３管理区域 |

⇩

・設備に付着する汚染物のサンプリング調査（第３の３の(4)のイの(ｲ)のa～hの対象設備）

⇩

・3000pg-TEQ/g＜サンプリング調査結果（d）

⇩

・追加サンプリング（第３の３の(4)のイの(ｳ)）

⇩

汚染除去・解体作業中、デジタル粉じん計により連続した粉じん濃度測定等を行わない計画の場合

汚染物のサンプリング調査結果d（pg-TEQ/g）に基づき、保護具選定に係る管理区域を決定する

| | 上表の第１管理区域 | 上表の第２管理区域 | 上表の第３管理区域 |
|---|---|---|---|
| d＜3000pg-TEQ/g | 保護具選定に係る第１管理区域 | 保護具選定に係る第２管理区域 | 保護具選定に係る第３管理区域 |
| 3000≦d＜4500pg-TEQ/g | 保護具選定に係る第２管理区域 | 保護具選定に係る第２管理区域 | 保護具選定に係る第３管理区域 |
| 4500pg-TEQ/g≦d | 保護具選定に係る第３管理区域 | 保護具選定に係る第３管理区域 | 保護具選定に係る第３管理区域 |

・ガス状ダイオキシン類の発生するおそれのある作業
・解体対象設備のダイオキシン類汚染状況が不明

→ 保護具選定に係る第３管理区域

⇩

汚染除去・解体作業中、デジタル粉じん計により連続した粉じん濃度測定等を行う計画の場合

過去の作業事例等から予想される粉じん濃度（g/m³）に汚染物のサンプリング調査結果d（pg-TEQ/g）を乗じた値S（pg-TEQ/m³）に基づき、保護具選定に係る管理区域を決定する場合には、予想される粉じん濃度の算定根拠を示すこと

| | 上表の第１管理区域 | 上表の第２管理区域 | 上表の第３管理区域 |
|---|---|---|---|
| S＜2.5pg-TEQ/m³ | 保護具選定に係る第１管理区域 | 保護具選定に係る第２管理区域 | 保護具選定に係る第３管理区域 |
| 2.5pg-TEQ/m³≦S＜3.75pg-TEQ/m³ | 保護具選定に係る第２管理区域 | 保護具選定に係る第２管理区域 | 保護具選定に係る第３管理区域 |
| 3.75pg-TEQ/m³≦S | 保護具選定に係る第３管理区域 | 保護具選定に係る第３管理区域 | 保護具選定に係る第３管理区域 |

・ガス状ダイオキシン類の発生するおそれのある作業
・解体対象設備のダイオキシン類汚染状況が不明

→ 保護具選定に係る第３管理区域

⇩

| | |
|---|---|
| 保護具選定に係る第１管理区域 | レベル１ |
| 保護具選定に係る第２管理区域 | レベル２ |
| 保護具選定に係る第３管理区域 | レベル３ |
| 保護具選定に係る汚染状況が判明しない | レベル３ |
| 高濃度汚染物（3000pg-TEQ/g＜d）を常時直接取り扱う | レベル４ |

別紙６

## 解体方法の決定

### １　解体作業第１管理区域内での解体作業

⑴　解体作業第１管理区域

次のいずれかを満たす場合を解体作業第１管理区域とする。

ア　汚染物サンプリング調査の結果d＜3000（pg-TEQ/g-dry）（連続して粉じん濃度測定を行う場合、S＜2.5（pg-TEQ/$m^3$））の場合

イ　汚染物サンプリング調査の結果d＜4500（pg-TEQ/g-dry）（連続して粉じん濃度測定を行う場合、S＜3.75（pg-TEQ/$m^3$））で、構造物の材料見本（使用前のもの）等と比べ客観的に付着物除去がほぼ完全に行われている場合

⑵　解体作業第１管理区域で選択できる解体方法及び使用機材

ア　手作業による解体：手持ち電動工具等

イ　油圧式圧砕、せん断による工法：圧砕機、鉄骨切断機等

ウ　機械的研削による工法：カッタ、ワイヤソー、コアドリル

エ　機械的衝撃による工法：ハンドブレーカ、削孔機、大型ブレーカ等

オ　膨張圧力、孔の拡大による工法：静的破砕剤、油圧孔拡大機

カ　その他の工法：ウォータジェット、アブレッシブジェット、冷却して解体する工法等その他粉じんやガス体を飛散させないための新しい工法

キ　溶断による工法：ガス切断機等

なお、溶断による工法を選択する際には、４に示す措置を講じること。（ただし、金属部材（汚染物の完全な除去が可能な形状のものに限る。）であって、汚染物の完全な除去を行ったものについては、４の⑸の措置に代えて同一管理区域内の労働者にレベル１の保護具（呼吸用保護具はレベル２）を使用させることができること。）

### ２　解体作業第２管理区域内での解体作業

⑴　解体作業第２管理区域

次のいずれかを満たす場合を解体作業第２管理区域とする。

ア　汚染物サンプリング調査の結果3000（pg-TEQ/g-dry）≦d＜4500（pg-

TEQ/g-dry)（連続して粉じん濃度測定を行う場合は、2.5 (pg-TEQ/m$^3$) ≦ S＜3.75 (pg-TEQ/m$^3$) ）の場合

イ　汚染状況の把握は困難であるものの、周囲の設備の汚染状況から見てダイオキシン類で汚染されている可能性が低い径の小さいパイプ等

(2)　解体作業第２管理区域で選択できる解体方法

１の(2)のアからカに掲げる方法

## ３　解体作業第３管理区域内での解体作業

(1)　解体作業第３管理区域

ア　次のいずれかを満たす場合を解体作業第３管理区域とする。

汚染物サンプリング調査結果、4500 (pg-TEQ/g-dry) ≦d（連続して粉じん濃度測定を行う場合、3.75 (pg-TEQ/m$^3$) ≦S）で、付着物除去を完全に行うことが困難な場合

イ　ダイオキシン類による汚染の状態が測定困難又は不明な場合

ウ　汚染状況の把握は困難であり、周囲の設備の汚染状況から見てダイオキシン類で汚染されている可能性があるパイプ等構造物

(2)　解体作業第３管理区域で選択できる解体方法及び使用機材

１の(2)のア及びイ。なお、解体物の構造上汚染除去がそれ以上実施できない場合であって、遠隔操作、密閉化、冷却化又は粉じんの飛散やガス状物質を発生させないその他の解体方法を選択する場合は、その解体方法を用いても差し支えない。

## ４　解体作業第２管理区域及び解体作業第３管理区域で溶断によらない解体方法が著しく困難な場合の特例

事前サンプリングの結果、対象設備が解体作業第２管理区域又は解体作業第３管理区域に分類された場合で、溶断によらない解体方法が著しく困難な場合は、以下に掲げる必要な措置を講じたうえで溶断による解体を行うこと。

なお、パイプ類及び煙道設備等筒状の構造物等を溶断する場合は内部の空気を吸引・減圧した状態で、外部から作業を行うこと。

(1)　溶断対象箇所及びその周辺で伝熱等により加熱が予想される部分に汚染がないことを確認すること（この場合解体部分の汚染状況を写真等により記録

すること。）

⑵　溶断作業を行う作業場所をシート等により養生し、養生された内部の空気が外部に漏れないように密閉・区分すること。また、溶断作業中、当該作業を行う労働者以外の立ち入りを禁止する措置を講じること。

⑶　作業場所の内部を、移動型局所排気装置を用いて換気するとともに外部に対して負圧に保つこと。

⑷　移動型局所排気装置の排気をHEPAフィルター及びチャコールフィルターにより適切に処理すること。

⑸　溶断作業を行っている間、同一管理区域内の労働者にレベル３の保護具を使用させること。

## 【資料　1】

# 労働安全衛生規則（抄）

（昭和47年９月30日労働省令第32号
改正　令和６年６月３日厚生労働省令第95号）

**（雇入れ時等の教育）**

**第35条**　事業者は、労働者を雇い入れ、又は労働者の作業内容を変更したときは、当該労働者に対し、遅滞なく、次の事項のうち当該労働者が従事する業務に関する安全又は衛生のため必要な事項について、教育を行なわなければならない。

1　機械等、原材料等の危険性又は有害性及びこれらの取扱い方法に関すること。

2　安全装置、有害物抑制装置又は保護具の性能及びこれらの取扱い方法に関すること。

3　作業手順に関すること。

4　作業開始時の点検に関すること。

5　当該業務に関して発生するおそれのある疾病の原因及び予防に関すること。

6　整理、整頓（とん）及び清潔の保持に関すること。

7　事故時等における応急措置及び退避に関すること。

8　前各号に掲げるもののほか、当該業務に関する安全又は衛生のために必要な事項

②　事業者は、前項各号に掲げる事項の全部又は一部に関し十分な知識及び技能を有していると認められる労働者については、当該事項についての教育を省略することができる。

**（特別教育を必要とする業務）**

**第36条**　法第59条第３項の厚生労働省令で定める危険又は有害な業務は、次のとおりとする。

１～33（略）

34　ダイオキシン類対策特別措置法施行令（平成11年政令第433号）別表第１第５号に掲げる廃棄物焼却炉を有する廃棄物の焼却施設（第90条第５号の４を除き、以下「廃棄物の焼却施設」という。）においてばいじん及び焼却灰その他の燃え殻を取り扱う業務（第36号に掲げる業務を除く。）

35　廃棄物の焼却施設に設置された廃棄物焼却炉、集じん機等の設備の保守点検等の業務

36　廃棄物の焼却施設に設置された廃棄物焼却炉、集じん機等の設備の解体等の業務及びこれに伴うばいじん及び焼却灰その他の燃え殻を取り扱う業務

37～41（略）

**（特別教育の細目）**

**第39条**　前二条及び第592条の７に定めるもののほか、第36条第１号から第13号まで、第27号、第30号から第36号まで及び第39号から第41号までに掲げる業務に係る特別教育の実施について必要な事項は、厚生労働大臣が定める。

**第90条**　法第88条第３項の厚生労働省令で定める仕事は、次のとおりとする。

１～５の３（略）

５の４　ダイオキシン類対策特別措置法施行令別表第１第５号に掲げる廃棄物焼却炉（火格子面積が２平方メートル以上又は焼却能力が１時間当たり200キログラム以上のものに限る。）を有する廃棄物の焼却施設に設置された廃棄物焼却炉、集じん機等の設備の解体等の仕事

６・７（略）

**（ダイオキシン類の濃度及び含有率の測定）**

**第592条の２**　事業者は、第36条第34号及び第35号に掲げる業務を行う作業場について、６月以内ごとに１回、定期に、当該作業場における空気中のダイ

オキシン類（ダイオキシン類対策特別措置法（平成11年法律第105号）第２条第１項に規定するダイオキシン類をいう。以下同じ。）の濃度を測定しなければならない。

② 事業者は、第36条第36号に掲げる業務に係る作業を行うときは、当該作業を開始する前に、当該作業に係る設備の内部に付着した物に含まれるダイオキシン類の含有率を測定しなければならない。

**（付着物の除去）**

**第592条の３** 事業者は、第36条第36号に規定する解体等の業務に係る作業に労働者を従事させるときは、当該作業に係る設備の内部に付着したダイオキシン類を含む物を除去した後に作業を行わなければならない。

② 事業者は、前項の作業の一部を請負人に請け負わせるときは、当該請負人に対し、当該作業に係る設備の内部に付着したダイオキシン類を含む物を除去した後に作業を行わなければならない旨を周知させなければならない。

**（ダイオキシン類を含む物の発散源の湿潤化）**

**第592条の４** 事業者は、第36条第34号及び第36号に掲げる業務に係る作業に労働者を従事させるときは、当該作業を行う作業場におけるダイオキシン類を含む物の発散源を湿潤な状態のものとしなければならない。ただし、当該発散源を湿潤な状態のものとすることが著しく困難なときは、この限りでない。

② 事業者は、前項の作業の一部を請負人に請け負わせるときは、当該請負人に対し、当該作業を行う作業場におけるダイオキシン類を含む物の発散源を湿潤な状態のものとする必要がある旨を周知させなければならない。ただし、同項ただし書の場合は、この限りでない。

**（保護具）**

**第592条の５** 事業者は、第36条第34号から第36号までに掲げる業務に係る作業に労働者を従事させるときは、第592条の２第１項及び第２項の規定によるダイオキシン類の濃度及び含有率の測定の結果に応じて、当該作業に従事する労働者に保護衣、保護眼鏡、呼吸用保護具等適切な保護具を使用させなければならない。ただし、ダイオキシン類を含む物の発散源を密閉する設備の設置等当該作業に係るダイオキシン類を含む物の発散を防止するために有効な措置を講じたときは、この限りでない。

② 労働者は、前項の規定により保護具の使用を命じられたときは、当該保護具を使用しなければならない。

③ 事業者は、第１項の作業の一部を請負人に請け負わせるときは、当該請負人に対し、第592条の２第１項及び第２項の規定によるダイオキシン類の濃度及び含有率の測定の結果に応じて、保護衣、保護眼鏡、呼吸用保護具等適切な保護具を使用する必要がある旨を周知させなければならない。ただし、第１項ただし書の場合は、この限りでない。

**（作業指揮者）**

**第592条の６** 事業者は、第36条第34号から第36号までに掲げる業務に係る作業を行うときは、当該作業の指揮者を定め、その者に当該作業を指揮させるとともに、前三条の措置がこれらの規定に適合して講じられているかどうかについて点検させなければならない。

**（特別の教育）**

**第592条の７** 事業者は、第36条第34号から第36号までに掲げる業務に労働者を就かせるときは、当該労働者に対し、次の科目について、特別の教育を行わなければならない。

1 ダイオキシン類の有害性
2 作業の方法及び事故の場合の措置
3 作業開始時の設備の点検
4 保護具の使用方法
5 前各号に掲げるもののほか、ダイオキシン類のばく露の防止に関し必要な事項

**（掲示）**

**第592条の８** 事業者は、第36条第34号から第36号までに掲げる業務に労働者を就かせるときは、次の事項を、見やすい箇所に掲示しなければならない。

1 第36条第34号から第36号までに掲げる業務に係る作業を行う作業場であ

る旨

2　ダイオキシン類により生ずるおそれのある疾病の種類及びその症状

3　ダイオキシン類の取扱い上の注意事項

4　第36条第34号から第36号までに掲げる業務に係る作業を行う場合においては適切な保護具を使用しなければならない旨及び使用すべき保護具

**（皮膚障害等防止用の保護具）**

**第594条**　事業者は、皮膚若しくは眼に障害を与える物を取り扱う業務又は有害物が皮膚から吸収され、若しくは侵入して、健康障害若しくは感染をおこすおそれのある業務においては、当該業務に従事する労働者に使用させるために、塗布剤、不浸透性の保護衣、保護手袋、履物又は保護眼鏡等適切な保護具を備えなければならない。

②　事業者は、前項の業務の一部を請負人に請け負わせるときは、当該請負人に対し、塗布剤、不浸透性の保護衣、保護手袋、履物又は保護眼鏡等適切な保護具について、備えておくこと等によりこれらを使用することができるようにする必要がある旨を周知させなければならない。

**第594条の２**　事業者は、化学物質又は化学物質を含有する製剤（皮膚若しくは眼に障害を与えるおそれ又は皮膚から吸収され、若しくは皮膚に侵入して、健康障害を生ずるおそれがあることが明らかなものに限る。以下「皮膚等障害化学物質等」という。）を製造し、又は取り扱う業務（法及びこれに基づく命令の規定により労働者に保護具を使用させなければならない業務及び皮膚等障害化学物質等を密閉して製造し、又は取り扱う業務を除く。）に労働者を従事させるときは、不浸透性の保護衣、保護手袋、履物又は保護眼鏡等適切な保護具を使用させなければならない。

②　事業者は、前項の業務の一部を請負人に請け負わせるときは、当該請負人に対し、同項の保護具を使用する必要がある旨を周知させなければならない。

**第594条の３**　事業者は、化学物質又は化学物質を含有する製剤（皮膚等障害化学物質等及び皮膚若しくは眼に障害を与えるおそれ又は皮膚から吸収され、若しくは皮膚に侵入して、健康障害を生ずるおそれがないことが明らかなものを除く。）を製造し、又は取り扱う業務（法及びこれに基づく命令の規定により労働者に保護具を使用させなければならない業務及びこれらの物を密閉して製造し、又は取り扱う業務を除く。）に労働者を従事させるときは、当該労働者に保護衣、保護手袋、履物又は保護眼鏡等適切な保護具を使用させるよう努めなければならない。

② 事業者は、前項の業務の一部を請負人に請け負わせるときは、当該請負人に対し、同項の保護具について、これらを使用する必要がある旨を周知させるよう努めなければならない。

**（洗浄設備等）**

**第625条** 事業者は、身体又は被服を汚染するおそれのある業務に労働者を従事させるときは、洗眼、洗身若しくはうがいの設備、更衣設備又は洗たくのための設備を設けなければならない。

② 事業者は、前項の設備には、それぞれ必要な用具を備えなければならない。

## 【資料　2】

# 安全衛生特別教育規程（抄）

（昭和47年９月30日労働省告示第92号
改正　令和６年６月３日厚生労働省告示第213号）

**（廃棄物の焼却施設に関する業務に係る特別教育）**

**第21条**　安衛則第36条第34号から第36号までに掲げる業務に係る特別教育は、学科教育により行うものとする。

②　前項の学科教育は、次の表の上欄（編注・左欄）に掲げる科目に応じ、それぞれ、同表の中欄に掲げる範囲について同表の下欄（編注・右欄）に掲げる時間以上行うものとする。

| 科　　　目 | 範　　　囲 | 時　間 |
|---|---|---|
| ダイオキシン類の有害性 | ダイオキシン類の性状 | 0.5時間 |
| 作業の方法及び事故の場合の措置 | 作業の手順<br>ダイオキシン類のばく露を低減させるための措置<br>作業環境改善の方法<br>洗身及び身体等の清潔の保持の方法<br>事故時の措置 | 1.5時間 |
| 作業開始時の設備の点検 | ダイオキシン類のばく露を低減させるための設備についての作業開始時の点検 | 0.5時間 |
| 保護具の使用方法 | 保護具の種類、性能、洗浄方法、使用方法及び保守点検の方法 | １時間 |
| その他ダイオキシン類のばく露の防止に関し必要な事項 | 法、令及び安衛則中の関係条項<br>ダイオキシン類のばく露を防止するため当該業務について必要な事項 | 0.5時間 |

（編注）法：労働安全衛生法、令：労働安全衛生法施行令、安衛則：労働安全衛生規則

【資料　3】

## 作業環境測定基準（抄）

（昭和51年４月22日労働省告示第46号
改正　令和６年４月10日厚生労働省告示第187号）

（定義）

**第１条**　この告示において、次の各号に掲げる用語の意義は、それぞれ当該各号に定めるところによる。

1　液体捕集方法　試料空気を液体に通し、又は液体の表面と接触させることにより溶解、反応等をさせて、当該液体に測定しようとする物を捕集する方法をいう。

2　固体捕集方法　試料空気を固体の粒子の層を通して吸引すること等により吸着等をさせて、当該固体の粒子に測定しようとする物を捕集する方法をいう。

3　直接捕集方法　試料空気を溶解、反応、吸着等をさせないで、直接、捕集袋、捕集びん等に捕集する方法をいう。

4　冷却凝縮捕集方法　試料空気を冷却した管等と接触させることにより凝縮をさせて測定しようとする物を捕集する方法をいう。

5　ろ過捕集方法　試料空気をろ過材（0.3マイクロメートルの粒子を95パーセント以上捕集する性能を有するものに限る。）を通して吸引することにより当該ろ過材に測定しようとする物を捕集する方法をいう。

（粉じんの濃度等の測定）

**第２条**　労働安全衛生法施行令（昭和47年政令第318号。以下「令」という。）第21条第１号の屋内作業場における空気中の土石、岩石、鉱物、金属又は炭素の粉じんの濃度の測定は、次に定めるところによらなければならない。

1　測定点は、単位作業場所（当該作業場の区域のうち労働者の作業中の行動範囲、有害物の分布等の状況等に基づき定められる作業環境測定のために必要な区域をいう。以下同じ。）の床面上に６メートル以下の等間隔で引いた縦の線と横の線との交点の床上50センチメートル以上150センチメートル以下の位置（設備等があつて測定が著しく困難な位置を除く。）とすること。ただし、単位作業場所における空気中の土石、岩石、鉱物、金属又は炭素の粉じんの濃度がほぼ均一であることが明らかなときは、測定点に係る交点は、当該単位作業場所の床面上に６メートルを超える等間隔で引いた縦の線と横の線との交点とすることができる。

１の２　前号の規定にかかわらず、同号の規定により測定点が５に満たないこととなる場合にあつても、測定点は、単位作業場所について５以上とすること。ただし、単位作業所が著しく狭い場合であつて、当該単位作業場所における空気中の土石、岩石、鉱物、金属又は炭素の粉じんの濃度がほぼ均一であることが明らかなときは、この限りでない。

２　前二号の測定は、作業が定常的に行われている時間に行うこと。

２の２　土石、岩石、鉱物、金属又は炭素の粉じんの発散源に近接する場所において作業が行われる単位作業場所にあつては、前三号に定める測定のほか、当該作業が行われる時間のうち、空気中の土石、岩石、鉱物、金属又は炭素の粉じんの濃度が最も高くなると思われる時間に、当該作業が行われる位置において測定を行うこと。

３　１の測定点における試料空気の採取時間は、10分間以上の継続した時間とすること。ただし、相対濃度指示方法による測定については、この限りでない。

４　空気中の土石、岩石、鉱物、金属又は炭素の粉じんの濃度の測定は、次のいずれかの方法によること。

イ　分粒装置を用いるろ過捕集方法及び重量分析方法

ロ　相対濃度指示方法（当該単位作業場所における１以上の測定点においてイに掲げる方法を同時に行う場合に限る。）

②　前項第４号イの分粒装置は、その透過率が**次の図**で表される特性を有するもの又は次の図で表される特性を有しないもののうち当該特性を有する分粒装置を用いて得られる測定値と等しい値が得られる特性を有するものでなければならない。

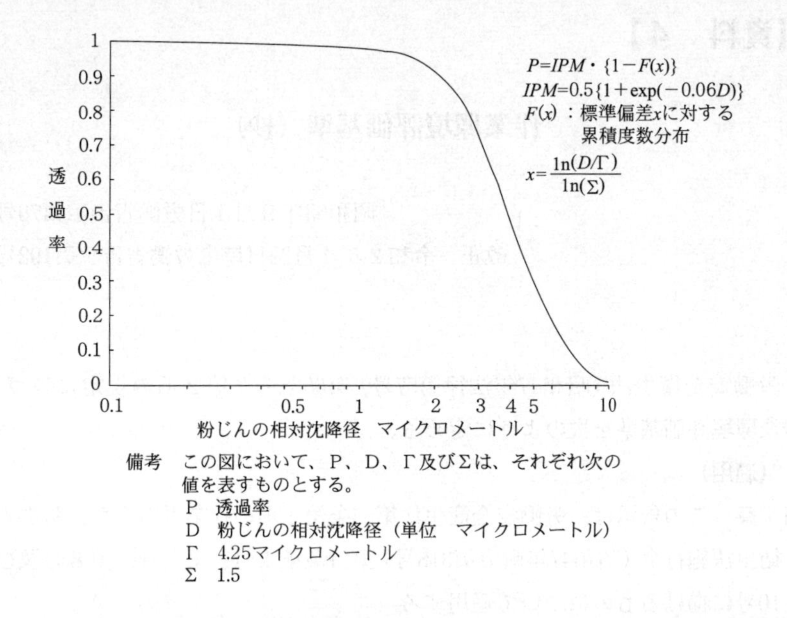


備考　この図において、P、D、Γ及びΣは、それぞれ次の値を表すものとする。
P　透過率
D　粉じんの相対沈降径（単位　マイクロメートル）
Γ　4.25マイクロメートル
Σ　1.5

③　粉じん障害防止規則（昭和54年労働省令第18号）第26条第３項の場合においては、第１項第４号の規定にかかわらず、当該粉じんの濃度の測定は、相対濃度指示方法によることができる。この場合において、質量濃度変換係数は、同条第３項の測定機器を用いて当該単位作業場所について求めた数値又は厚生労働省労働基準局長が示す数値を使用しなければならない。

④　（略）

**第２条の２**　令第21条第１号の屋内作業場における空気中の土石、岩石又は鉱物の粉じん中の遊離けい酸の含有率の測定は、エックス線回折分析方法又は重量分析方法によらなければならない。

## 【資料　4】

# 作業環境評価基準（抄）

（昭和63年９月１日労働省告示第79号
改正　令和２年４月22日厚生労働省告示第192号）

労働安全衛生法（昭和47年法律第57号）第65条の２第２項の規定に基づき、作業環境評価基準を次のように定める。

**（適用）**

**第１条**　この告示は、労働安全衛生法第65条第１項の作業場のうち、労働安全衛生法施行令（昭和47年政令第318号）第21条第１号、第７号、第８号及び第10号に掲げるものについて適用する。

**（測定結果の評価）**

**第２条**　労働安全衛生法第65条の２第１項の作業環境測定の結果の評価は、単位作業場所（作業環境測定基準（昭和51年労働省告示第46号）第２条第１項第１号に規定する単位作業場所をいう。以下同じ。）ごとに、次の各号に掲げる場合に応じ、それぞれ当該各号の表の下欄（編注・右欄）に掲げるところにより、第１管理区分から第３管理区分までに区分することにより行うものとする。

１　A測定（作業環境測定基準第２条第１項第１号から第２号までの規定により行う測定（作業環境測定基準第10条第４項、第10条の２第２項、第11条第２項及び第13条第４項において準用する場合を含む。）をいう。以下同じ。）のみを行つた場合

| 管理区分 | 評価値と測定対象物に係る別表に掲げる管理濃度との比較の結果 |
|---|---|
| 第１管理区分 | 第１評価値が管理濃度に満たない場合 |
| 第２管理区分 | 第１評価値が管理濃度以上であり、かつ、第２評価値が管理濃度以下である場合 |
| 第３管理区分 | 第２評価値が管理濃度を超える場合 |

2　A測定及びB測定（作業環境測定基準第２条第１項第２号の２の規定により行う測定（作業環境測定基準第10条第４項、第10条の２第２項、第11条第２項及び第13条第４項において準用する場合を含む。）をいう。以下同じ。）を行つた場合

| 管理区分 | 評価値又はB測定の測定値と測定対象物に係る別表に掲げる管理濃度との比較の結果 |
|---|---|
| 第１管理区分 | 第１評価値及びB測定の測定値（２以上の測定点においてB測定を実施した場合には、そのうちの最大値。以下同じ。）が管理濃度に満たない場合 |
| 第２管理区分 | 第２評価値が管理濃度以下であり、かつ、B測定の測定値が管理濃度の1.5倍以下である場合（第１管理区分に該当する場合を除く。） |
| 第３管理区分 | 第２評価値が管理濃度を超える場合又はB測定の測定値が管理濃度の1.5倍を超える場合 |

②　測定対象物の濃度が当該測定で採用した試料採取方法及び分析方法によつて求められる定量下限の値に満たない測定点がある単位作業場所にあつては、当該定量下限の値を当該測定点における測定値とみなして、前項の区分を行うものとする。

③　測定値が管理濃度の10分の１に満たない測定点がある単位作業場所にあつては、管理濃度の10分の１を当該測定点における測定値とみなして、第１項の区分を行うことができる。

④　労働安全衛生法施行令別表第６の２第１号から第47号までに掲げる有機溶剤（特定化学物質障害予防規則（昭和47年労働省令第39号）第36条の５において準用する有機溶剤中毒予防規則（昭和47年労働省令第36号）第28条の２第１項の規定による作業環境測定の結果の評価にあつては、特定化学物質障害予防規則第２条第１項第３号の２に規定する特別有機溶剤を含む。以下この項において同じ。）を２種類以上含有する混合物に係る単位作業場所にあつては、測定点ごとに、次の式により計算して得た換算値を当該測定点における測定値とみなして、第１項の区分を行うものとする。この場合において、管理濃度に相当する値は、１とするものとする。

〔$C=\frac{C_1}{E_1}+\frac{C_2}{E_2}+\cdots\cdots$

この式において、C、$C_1$、$C_2$……及び$E_1$、$E_2$……は、それぞれ次の値を表すものとする。

C　換算値

$C_1$、$C_2$……有機溶剤の種類ごとの測定値

$E_1$、$E_2$……有機溶剤の種類ごとの管理濃度〕

**（評価値の計算）**

**第３条**　前条第１項の第１評価値及び第２評価値は、次の式により計算するものとする。

$$\log EA_1=\log M_1+1.645\sqrt{\log^2\sigma_1+0.084}$$

$$\log EA_2=\log M_1+1.151\left(\log^2\sigma_1+0.084\right)$$

〔これらの式において、$EA_1$、$M_1$、$\sigma_1$及び$EA_2$は、それぞれ次の値を表すものとする。

$EA_1$　第１評価値

$M_1$　A測定の測定値の幾何平均値

$\sigma_1$　A測定の測定値の幾何標準偏差

$EA_2$　第２評価値〕

②　前項の規定にかかわらず、連続する２作業日（連続する２作業日について測定を行うことができない合理的な理由がある場合にあつては、必要最小限の間隔を空けた２作業日）に測定を行つたときは、第１評価値及び第２評価値は、次の式により計算することができる。

$$\log EA_1=\frac{1}{2}\left(\log M_1+\log M_2\right)+1.645\sqrt{\frac{1}{2}\left(\log^2\sigma_1+\log^2\sigma_2\right)+\frac{1}{2}\left(\log M_1-\log M_2\right)^2}$$

$$\log EA_2=\frac{1}{2}\left(\log M_1+\log M_2\right)+1.151\left\{\frac{1}{2}\left(\log^2\sigma_1+\log^2\sigma_2\right)+\frac{1}{2}\left(\log M_1-\log M_2\right)^2\right\}$$

これらの式において、$EA_1$、$M_1$、$M_2$、$\sigma_1$、$\sigma_2$及び$EA_2$は、それぞれ次の値を表すものとする。

$EA_1$　第１評価値

$M_1$　１日目のA測定の測定値の幾何平均値

$M_2$　２日目のA測定の測定値の幾何平均値

$\sigma_1$　１日目のA測定の測定値の幾何標準偏差

$\sigma_2$　２日目のA測定の測定値の幾何標準偏差

$EA_2$　第２評価値

【資料　5】

# 清掃事業における安全衛生管理要綱

（平成5年3月2日
基発第123号）

## 第1　目的等

### 1　目　　的

この要綱は、労働安全衛生関係法令と相まって、安全衛生管理体制の整備、安全衛生教育の実施、安全衛生作業基準の確立等の積極的な推進により清掃事業における労働者の安全と健康を確保することを目的とする。

### 2　事業者等の責務

事業者は、単にこの要綱に定める基準を守るだけでなく、快適な職場環境の形成に努めるものとする。

事業者が、労働安全衛生法（以下「法」という。）第15条に規定する「元方事業者」に該当するときは、労働安全衛生関係法令に違反しないよう指導等を行うとともに安全衛生に関する必要な情報の伝達に努めるものとする。

労働者は、労働災害を防止するため必要な事項を守るほか、事業者等が実施する労働災害の防止に関する措置に協力するよう努めるものとする。

## 第2　安全衛生管理体制の整備等

### 1　安全衛生管理体制の整備

(1)　総括安全衛生管理者の選任

常時100人以上の労働者を使用する清掃事業にあっては、法第10条第1項に規定する総括安全衛生管理者を選任すること。

(2)　安全管理者及び衛生管理者の選任

常時50人以上の労働者を使用する清掃事業にあっては、所定の資格を有する者のうちから法第11条及び法第12条に規定する安全管理者及び衛生管理者を選任し、その職務を励行させること。

この場合、できるだけごみ処理施設、し尿処理施設等の作業場ごとに選任すること。

⑶　安全衛生推進者の選任

常時10人以上50人未満の労働者を使用する清掃事業にあっては、法第12条の２に規定する安全衛生推進者を選任し、その職務を励行させること。

この場合、できるだけごみ処理施設、し尿処理施設等の作業場ごとに選任すること。

⑷　産業医の選任

常時50人以上の労働者を使用する清掃事業にあっては、法第13条に規定する産業医を選任し、その職務を励行させること。

⑸　安全衛生委員会等の設置

常時50人以上の労働者を使用する清掃事業にあっては、法第17条及び第18条（又は第19条）に規定する安全委員会及び衛生委員会（又は安全衛生委員会）を設置し、月１回以上開催し、所定の事項を審議させる等その活動の促進を図ること。

なお、上記以外の場合にあっても労働安全衛生規則（以下「安衛則」という。）第23条の２の規定により安全衛生の委員会、職場懇談会等の関係労働者の意見を聴くための機会を設けるように努めること。

## 2　保護具等の整備

清掃事業の災害に多く見られるごみの中のガラス、くぎ等により手足を負傷する災害、滑り、つまずきによる災害及び物の飛来等による災害を防止するため有効な手袋、安全靴、保護帽等の保護具を定期的に点検し安全な状態を保つよう十分整備するほか、①破砕機内での作業、焼却灰を取り扱う作業等粉じんを発散する作業に従事する労働者に使用させる呼吸用保護具、②ごみ焼却場における炉前作業に従事する労働者に使用させる保護眼鏡、保護帽、保護衣等、③酸素欠乏危険作業に従事する労働者に使用させる空気呼吸器、酸素呼吸器又は送気マスク（以下「空気呼吸器等」という。）、④騒音レベルの高い場所における作業に従事する労働者に使用させる耳栓その他の保護具等の目的に応じた適切な保護具及び器具を備え付けること。

## 3　衛生関係施設の整備

ごみ処理施設、し尿処理施設等の作業場にあっては、

⑴　作業場外に心身の疲労の回復を図るための休憩の設備を設けること。

⑵　常時50人以上又は常時女子30人以上の労働者を使用するときは、労働者がが床することのできる男女別の休養室又は休養所（安衛則第618条）を設けること。

⑶　食堂（安衛則第629条、第630条）を設けること。

⑷　適切な洗面所、うがいの設備、更衣所、洗濯の設備（安衛則第625条）、男女別の便所（安衛則第628条）、被服の乾燥設備（安衛則第626条）を設けること。

⑸　適当な箇所に救急用具等（安衛則第633条、第634条（編注・現行は「第634条」は削除））を備えるとともに適正に管理すること。

⑹　照明（安衛則第604条）及び換気（安衛則第601条）について必要な措置を講ずること。

⑺　夜間に睡眠又は仮眠する必要のあるときは、適当な睡眠又は仮眠の場所（安衛則第616条）を男女別に設けること。

　この場合、休憩室、食堂、更衣所の近くにできるだけ洗面所、うがいの設備、洗濯の設備を設けるとともに、食堂、休憩室の床等の清掃については、特に留意すること。なお、入浴の設備（温水シャワーを含む。）を、できるだけ設けること。

### 4　健康診断の実施

清掃事業に従事している労働者については、雇い入れ時の健康診断及び年1回の定期健康診断を確実に実施するとともに、特に焼却炉前作業、深夜業を含む業務等安衛則第13条第1項第2号（編注・現行は「第3号」）に掲げる業務に常時従事する労働者に対しては、安衛則第45条第1項に規定する6月以内ごとに1回の定期健康診断を、また、塩酸等の歯又はその支持組織に有害なガス、蒸気に常時暴露される場合には、歯科医師による6月以内ごとに1回の定期健康診断を行い、その健康診断の結果に基づく事後措置の徹底を図ること。

また、自他覚症状の有無の検査には、その者の従事する業務の内容に応じ、重量物の取扱いに伴う腰痛症に関しての姿勢異常、圧痛点の有無、運動機能検査等を含めること。

以上の結果及びその結果に対する対策について、安全衛生委員会等で審議すること。

## 5　安全衛生教育の実施

次に示す安全衛生教育を実施すること。また、委託事業者に対しても、当該事業者の雇用する労働者に同様の安全衛生教育を実施するよう指導すること。

⑴　雇入れ時等の教育

労働者を雇い入れ、又は作業内容を変更したときは、法第59条第１項及び第２項に規定する安全衛生教育を行うこと。この場合、教育すべき内容については安衛則第35条に規定する事項について行うこと。

特に、機械式ごみ収集車を使用するごみ収集作業等に就かせる場合においては、昭和62年２月13日付け基発第60号「機械式ごみ収集車による労働災害の防止対策の強化について」の別添１の「機械式ごみ収集車に係る安全管理要綱」の７の⑴に示される事項を含むこととし、また、メタンその他の可燃性ガスにより爆発火災のおそれがある施設における作業に就かせる場合においては、可燃性ガスの危険性、ガスの漏えい等異常時の措置等に関する事項を含むこととすること。

⑵　特別の教育

危険又は有害な業務に労働者を就かせるときは、法第59条第３項に規定する特別の教育を行うこと。

⑶　職長教育に準ずる教育

「機械式ごみ収集車に係る安全管理要綱」の７の⑵に示される教育を行うこと。

⑷　能力向上教育等

安全管理者、衛生管理者、安全衛生推進者等の労働災害の防止のための業務に従事する者及び危険又は有害な業務に現に従事している者に対して、新たな知識や技能が取得できるよう教育を行うこと。

## 6　就業制限等

⑴　クレーンの運転等法第61条に規定する業務については、適法な資格を有する者以外の者を従事させないこと。

⑵　酸素欠乏危険作業等法第14条に規定する作業については、適法な資格を有する者のうちから、作業主任者を選任し、その者に当該作業に従事する労働者の指揮その他の所定の事項を行わせること。

### 7　定期自主検査等の実施

⑴　ボイラー、クレーン、フォークリフト、フォークローダー等については、法第45条に規定する定期自主検査を行い、その結果を記録しておくこと。なお、クレーン等の補修、点検等に当たっては、墜落等の災害防止に留意すること。

⑵　機械式ごみ収集車については、「機械式ごみ収集車に係る安全管理要綱」の４に示される定期自主点検（年次点検、月例点検、作業開始前点検）を行い、その結果を記録するとともに、異常を認めたときには、補修その他必要な措置を講ずること。

⑶　汚水、汚泥等が貯留され、ガス発生のおそれがある施設（以下、「ガス発生施設」という。）については、配管、バルブ、マンホール等について損傷、変形、腐食等の有無に関して定期的に点検を行い、その結果を記録するとともに、異常を認めたときには、補修その他必要な措置を講ずること。

## 第３　安全衛生作業基準の確立等

労働災害を防止するため、特に次のような事項について、各事業場及び各種作業の実態に応じた安全衛生作業基準を定め、これを関係労働者に徹底させるよう指導すること。

### 1　ごみ処理作業等

⑴　ごみ収集作業

ごみ収集車、船舶等によるごみの収集及び運搬作業については、あらかじめ作業指揮者を定めて作業させること。

イ　ごみ収集作業における一般的な安全衛生対策

（共通事項）

(イ)　作業前に準備体操をさせること。

(ロ)　履物は、安全靴その他滑り及び踏抜きを防ぐ安全なものを使用させること。

(ハ)　道路上で、作業を行わせる場合には、「反射チョッキ」を着用させる等により、労働者を識別しやすいようにすること。

(ニ)　手袋を使用させること。特に、病原体に感染のおそれがあるごみ等を取り扱う場合においては、不浸透性の手袋等必要な保護具を使用させること。

(ホ) 容器を持ち上げる際は、腰痛防止等に留意し、まず軽く持って重量を量り、自分の力に余るものは無理に１人で持たず、２人で運ぶようにさせること。

(ヘ) 容器が汚水等のために滑りやすくなっていないか、手を掛ける箇所が弱くないか、手を傷つけるようなものがないかを確かめさせること。

(ト) ネギ、バナナの皮等滑りの原因となるもの又はガラス、容器のふた等踏抜き、つまずきの原因となるものを路上に落としたとき又はそれらが落ちているときには、その都度拾わせること。

(チ) ごみ収集車のごみ投入口のステップ、荷台等に乗車して移動することを禁止すること。

(リ) ごみ収集車の排気孔の位置及び排出方向は、ごみ収集車から排気ガスが作業中の労働者に影響を与えないような位置又は方向とすること。

(ヌ) 飛び乗り又は飛び降りは禁止すること。

(ル) 荷台にごみを過積みさせないこと。

(機械式ごみ収集車以外の車両)

(イ) ごみ収集車の荷台に乗り、又は荷台から降りるためのタラップ又は足掛けを、鳥居側面その他適当な箇所に設け、荷台に乗り、又は荷台から降りる際には、これを用いさせること。

(ロ) 修理作業等のため、ごみ収集車の天がいに乗り又は天がいから降りる際は、はしご等を用いさせること。

(ハ) ごみ収集車の荷台上で容器の受取、積込み作業を行う際には、荷台の中央側に背を向けて作業させること。

(ニ) 積込み作業を行う際には、荷台上の者と地上の者に、互いに合図をさせ、呼吸を合わせて行わせること。

(機械式ごみ収集車)

(イ) ごみ収集車のごみ投入口にごみを投入する場合において、ごみを入れ過ぎないようにさせ、また、ごみを押したり、取り除いたりする必要があるときは、適当な補助具を使用させること。（作動中のホッパー内に身体を入れないこと。）

(ロ) 移動中は、メインスイッチ(P.T.O)を切ること。

(ハ) テールゲート上昇中又は下降中は、テールゲートに近寄らないこと。

(ニ) 上昇したテールゲートの下には入らないこと。やむを得ず入るときは、安全棒等を使用すること。

(ホ) テールゲートを上げ、その下に入るときは、運転席において当該テールゲートを降下させるための操作が行われても、当該テールゲートが降下しないようインターロック装置を使用すること。

ロ ごみの積替え作業

(イ) 保護帽を着用させること。

(ロ) ごみ収集車の荷台の上で誘導することを禁止すること。

(ハ) ごみ収集車の後部ドアを開く際は、まず細めに開け、落下物の有無を確かめてから全開させること。この際、正面を避け、側面の安全な位置で行わせること。

(ニ) コンテナ収集車による積替え作業でのコンテナの脱着は、合図の上行わせること。

(ホ) 大型公衆ごみ容器の積替えは、次により行わせること。

a ごみが散乱しないよう、ふたを完全にすること。

b クレーンを用いて積込みを行う場合は、容器をクレーンのフックに確実にかけて行うこと。

c クレーンを用いて容器のつり上げを行う場合は、容器の下に労働者を立ち入らせないこと。

(ヘ) 船舶によるごみの積替えは、次により行わせること。

a 飛び乗り又は飛び降りは禁止すること。

b 滑りやすい履物は使用させないこと。

c ごみの積替えに当たっては、船上の労働者と十分な合図の上行わせること。

d 運転中のクレーン等のバケットに接触するおそれがある箇所に労働者を立ち入らせないこと。

ハ ごみ収集作業に起因する交通労働災害の防止対策

(イ) 発車の際には、運転者は他の労働者に合図してから発車させること。

(ロ) ドアの開閉は、車内外の安全を確かめてから行わせること。

(ハ) ドアを開けたままにしてごみ収集車を移動させないこと。

㈡　完全に停車しないうちに、ドアを開けたり、降りたりさせないこと。

㈭　ごみ収集車のごみ投入口のステップ、荷台等に乗車して移動することを禁止すること。

（再掲）

㈮　作業中、必要に応じ、作業指揮者に通過車両を監視させ、通過車両の誘導、労働者の退避等危害を防止するための措置を講ずること。また、表示灯を設ける等の措置を講ずることにより、ごみ収集車の周辺の通過車両に対して作業中であることを明示すること。

㈯　ごみ収集車の誘導に当たっては次によらせること。

a　誘導の合図は明確に行うこと。

b　運転者からよく見える安全な位置で誘導すること。
（原則として、前進の場合は運転者の反対側、後進の場合は運転者と同じ側とする。）

c　運転者に無断でごみ収集車の直後に立ち入らないこと。

ニ　ごみ収集車の運行に起因する交通労働災害の防止対策

㈠　ごみ収集車各部について、始業点検を1日1回、その運行開始前に行わせること。

㈺　他の自動車の後ろを進行する際には、必要な車間距離を保たせること。

㈩　無理な追抜きや追越しを禁止すること。

㈡　交通量、積荷重量、路面、天候等の状態に適応した速度で運転させること。

㈭　駐車又は停車して作業を行う際は、サイドブレーキを完全にかけさせること。特に、坂道においては、適当な車止めをする等ごみ収集車が移動しないよう必要な措置を講ずること。

㈮　その他交通関係法令を遵守させること。

ホ　点検、整備等

㈠　ごみ収集車の荷台、テールゲート等を上げて点検、整備等の作業を行う際には、荷台等の不意の降下を防止するため、安全支柱、安全棒等の確実な支えを行わせること。

㈺　ごみ収集車の点検又は整備のため、路上で停車するときは昼夜兼用停止表示板等の安全対策を講じさせること。

(ハ) ごみ収集車のラジエーターのキャップを外す際は、噴出する蒸気、熱湯による火傷を負うおそれのないように必要な措置を講じさせること。

(ニ) 工具類は、適正に管理し、正しく使用させること。

(2) ごみ処理施設における作業

イ ごみ処理施設における作業の一般的な安全衛生対策

(ごみ収集車関係)

(イ) ごみ処理施設におけるごみ収集車等の誘導に当たっては、ピット内への転落を防止する等安全を十分に確保して行わせること。

(ロ) ごみの排出に当たっては、ごみ収集車のピット内への転落を防止するための措置を講ずるとともに、ごみ収集車を車止め等に打ち当てその衝撃を利用するごみの排出を禁止すること。

(ハ) ごみ投入時にダンプしても排出ができない場合には、安全な位置までごみ収集車を移動させてごみを取り除かせること。この場合、安全棒等の使用により、テールゲートの落下の防止措置を講じさせること。

(その他)

(イ) 安全靴その他滑り及び踏抜きを防ぐ安全な履物を使用させること。

(ロ) 機械の原動機、回転軸、歯車、プーリー、ベルト等の労働者に危険を及ぼすおそれのある部分には覆い、囲い、スリーブ、踏切橋等を設けること。

(ハ) 墜落、転落による災害を防止するため、高さ又は深さが1.5メートルを超える箇所への昇降設備の設置、高さ２メートル以上の箇所、作業床の端、開口部等への囲い、手すり、覆いの設置等の必要な措置を講ずること。また、移動はしご又は脚立については安全な構造のものを使用すること。

(ニ) 粉じんの発生のおそれがある場合には散水等の措置を講じた上で作業を行うこと。

(ホ) 研削といしについては、覆いを設け、粉じん防止措置を講ずる等の必要な措置を講ずること。

(ヘ) 屋内作業場等においてアーク溶接等の作業を行う場合には、防じんマスク及び保護眼鏡を使用させる等の必要な措置を講ずること。

また、溶接棒ホルダーについては、絶縁効力及び耐熱性を有するものを使用させること。

(ト) 自動車のブレーキドラム等からのたい積物除去作業については、真空式石綿除去装置を用いる方式又は湿式による除去方式によるほか特定化学物質等障害予防規則（編注・現行は「特定化学物質障害予防規則又は石綿障害予防規則」）に定められた措置を講ずること。

(チ) 硫酸等腐食性液体、病原体に感染するおそれのあるごみ等を取り扱う場合は、必要な保護具を使用させること。

(リ) 塩化水素、硫酸等を取り扱う設備（バルブ又はコックを除く。）については、腐食しにくい材料で造り、内張りを施す等の必要な措置を講ずること。また、バルブ又はコックについては、耐久性のある材料のものとすること。

(ヌ) 有害物を使用して行う昆虫駆除、消毒等の作業に当たっては、保護具を使用し、風向き等に留意する等、労働者の健康障害を防止するため必要な措置を講ずること。

(ル) コンプレッサーは、1年以内ごとに1回、定期自主検査を行い、その結果を記録し、保存すること。

(ヲ) フォークリフト、ショベルローダー等の車両系荷役運搬機械を用いて作業を行うときは、あらかじめ作業計画を作成し、周知を図るとともに、作業指揮者を定め、作業の指揮を行わせること。

(ワ) 労働者の手が巻き込まれるおそれのあるボール盤については、手袋の使用を禁止すること。

(カ) 有機溶剤含有物を用いて行う塗装の業務については、有機溶剤中毒予防規則に定められている措置を講ずること。

(ヨ) 労働者が感電する危険のある電気機械器具の充電部分には、絶縁覆い等を設けること。

ロ　粗大ごみ処理施設

(イ) 破砕機に付属するコンベアーについては、接触予防装置、非常停止スイッチを設置するとともに、定期的に点検すること。

(ロ) 爆発物及び破裂物の入った容器等については、安全な作業方法により選別し、これらのものを破砕機へ投入しないこと。

(ハ) 破砕機等の運転開始に当たっては、人員を点検し、破砕機の内部等に人がいないことを確認させること。

(ニ) 破砕機の運転を中断し内部に入る場合には、破砕機の停止の確認を徹底させること。

(ホ) 破砕機等の点検、整備においては、必ず電源を切り、操作盤に点検、整備中である旨を明示させること。

ハ 焼却施設

(焼却炉関係)

(イ) 炉前等高温となる場所については、毎月２回以上温度を測定し、必要な場合は温度調整のための適当な措置を講ずること。

(ロ) 焼却炉の灰出しに当たっては、大量の焼却灰の落下による水蒸気爆発の発生を防止するための適当な措置を講ずること。

(ハ) 焼却炉内の補修、整備等の作業は適当に冷却した後でなければ行わせないこと。シュートに詰まったごみ、灰等の除去作業に直接労働者が従事するときは、炉を冷却する等の措置を講じ、水蒸気爆発の防止を図ること。

(ニ) ごみのかくはん等のため炉の扉を開ける場合には、労働者に保護面、保護帽、手袋、安全靴、呼吸用保護具等の保護具を使用させること。

(ホ) 炉の扉を開ける際は、まず細目に開け、破裂物の有無を確かめて開けさせること。この場合、当該作業については、炉の正面を避け側面の安全な位置で行わせること。

(ヘ) 機械装置の下方又は側方等の狭い場所で点検又は整備等の作業を行う場合は、保護帽を着用させること。

(付属施設関係)

〔ガス発生施設〕

(イ) 発生するガスの種類、濃度等を定期的に測定し、結果を記録し保存すること。

(ロ) 施設を密閉化し、発生するガスは適正に処理すること。なお、密閉化の困難な施設では通風、換気等の措置を講ずること。

(ハ) 原則として、電気機械器具については防爆構造にするとともに静電気による火花が発生するおそれのあるものその他点火源となるものの使用を禁止すること。

(ニ) 施設内で清掃、修理、改造等の作業を行う場合は、作業を指揮する者を指名し、その者に作業の指揮に当たらせるとともに、次の措置を講ずること。

a 十分な換気によりガスの除去を行うとともに、作業開始前及び定期的にガスの濃度測定を行うこと。

b やむを得ず火気等を使用する場合は、爆発火災のおそれのないことを確認するまではその使用を禁止すること。

〔ガス発生施設に近接する施設で、ガス発生施設からのガスが漏えいし、かつ、滞留するおそれのある施設〕

(イ) 原則として、電気機械器具については防爆構造にするとともに静電気による火花が発生するおそれのあるものその他点火源となるものの使用を禁止すること。

(ロ) 施設内で清掃、修理、改造等の作業を行う場合は、作業を指揮する者を指名し、その者に作業の指揮に当たらせるとともに、次の措置を講ずること。

a 十分な換気によりガスの除去を行うとともに、作業開始前及び定期的にガスの濃度測定を行うこと。

b やむを得ず火気等を使用する場合は、爆発火災のおそれのないことを確認するまではその使用を禁止すること。

## 2 し尿収集作業

し尿収集作業については、上記1(1)に掲げる事項に準ずるほか、次により行うこと。

(1) ホースの引き出し及び収納の際は、ホースが跳ねないように静かに行わせること。

(2) ホースを引っ張る際は、途中に物品が引っ掛かっていないか確認させること。

(3) ホースを２人で引っ張る際は、互いに合図をさせ、呼吸を合わせて行わせること。

(4) ホースの輪の中に労働者を立ち入らせないこと。

(5) 住宅内に入る際は、作業場所の障害物や犬の有無に十分注意させること。

### 3　酸素欠乏危険作業

し尿処理施設における投入槽、浄化槽、ばっ気槽等及びごみ処理施設等における槽、ピット等（以下「タンク等」という。）の内部での清掃及び修理の作業に労働者を従事させる場合には、酸素欠乏症又は硫化水素中毒による事故を防止するため、次の措置を講ずること。

なお、タンク等の内部での作業が予定されていない場合においても、ホース、ロープ等がタンク等の内部に落下した場合には、回収のためにタンク等へ立ち入ることがあるので、こうした場合においても、酸素及び硫化水素濃度の測定等所要の措置が講ぜられるよう、次の措置に準じた措置を講ずること。

⑴　作業開始前に、タンク等の内部の空気中の酸素及び硫化水素濃度の測定を行うこと。この場合、タンク等の内部の容積、構造等に応じて、必要な測定点を採ること。

なお、作業中であっても空気中の酸素等の濃度が変化し、人体に有害な影響を及ぼすおそれのある場合については同様の測定を行うこと。

⑵　タンク等の内部の空気中の酸素濃度を18%以上に、かつ、硫化水素濃度を10ppm以下に保つように換気すること。ただし、爆発、火災等を防止するため換気することが著しく困難な場合は、労働者に空気呼吸器等を使用させること。

⑶　労働者が転落のおそれのあるときは、安全帯等を使用させること。

⑷　人員の点呼を行わせること。

⑸　非常時に備えて、タンク等の外部に監視人を配置し、作業の状況を監視させること。

⑹　酸素欠乏危険場所又はこれに隣接する場所については、関係者以外の労働者の立ち入りを禁止し、かつ、その旨を見やすい箇所に表示すること。

⑺　酸素欠乏症及び硫化水素中毒に係る酸素欠乏危険作業主任者を選任し、その職務を行わせること。

⑻　酸素欠乏危険場所での作業に労働者を従事させるときは、①酸素欠乏症等の原因及び症状、②空気呼吸器等の使用方法、③事故の場合の退避及び救急そ生の方法等について特別の教育を行うこと。

⑼　空気呼吸器その他の避難用具を、非常の際に直ちに使用できる状態にして備え付けること。

⑽　硫化水素等が異常に発生するおそれのある沈澱物のかくはん等の作業に当たっては、空気呼吸器等を使用させること。

⑾　２槽以上のタンク等が連結されている構造のタンク等において換気を行う場合は、労働者が作業をしている槽から労働者がいない槽へ送気すること。

⑿　タンク等の出入口が屋内作業場にある場合は、当該屋内作業場の換気についても留意すること。

⒀　労働者がタンク等の内部に立ち入る場合には、警報装置付きの硫化水素濃度測定器を携行させることが望ましいこと。

⒁　測定機器の保守点検を確実に行うこと。特に測定器のセンサー、電池等の消耗部品の交換は早めに行うこと。

⒂　以上の措置を講ずべき旨を見やすい箇所に表示すること。

【資料　6】

# ダイオキシン類対策特別措置法

（平成11年７月16日法律第105号
改正　令和４年６月17日法律第68号）

目　次



## 第１章　総則

（目的）

**第１条**　この法律は、ダイオキシン類が人の生命及び健康に重大な影響を与えるおそれがある物質であることにかんがみ、ダイオキシン類による環境の汚染の防止及びその除去等をするため、ダイオキシン類に関する施策の基本とすべき基準を定めるとともに、必要な規制、汚染土壌に係る措置等を定めることにより、国民の健康の保護を図ることを目的とする。

（定義）

**第２条**　この法律において「ダイオキシン類」とは、次に掲げるものをいう。

1　ポリ塩化ジベンゾフラン
2　ポリ塩化ジベンゾ-パラ-ジオキシン
3　コプラナーポリ塩化ビフェニル

② この法律において「特定施設」とは、工場又は事業場に設置される施設のうち、製鋼の用に供する電気炉、廃棄物焼却炉その他の施設であって、ダイオキシン類を発生し及び大気中に排出し、又はこれを含む汚水若しくは廃液を排出する施設で政令で定めるものをいう。

③ この法律において「排出ガス」とは、特定施設から大気中に排出される排出物をいう。

④ この法律において「排出水」とは、特定施設を設置する工場又は事業場（以下「特定事業場」という。）から公共用水域（水質汚濁防止法（昭和45年法律第138号）第2条第1項に規定する公共用水域をいう。以下同じ。）に排出される水をいう。

**（国及び地方公共団体の責務）**

**第3条**　国は、ダイオキシン類による環境の汚染の防止及びその除去等に関する基本的かつ総合的な施策を策定し、及び実施するものとする。

② 地方公共団体は、当該地域の自然的社会的条件に応じたダイオキシン類による環境の汚染の防止又はその除去等に関する施策を実施するものとする。

**（事業者の責務）**

**第4条**　事業者は、その事業活動を行うに当たっては、これに伴って発生するダイオキシン類による環境の汚染の防止又はその除去等をするために必要な措置を講ずるとともに、国又は地方公共団体が実施するダイオキシン類による環境の汚染の防止又はその除去等に関する施策に協力しなければならない。

**（国民の責務）**

**第5条**　国民は、その日常生活に伴って発生するダイオキシン類による環境の汚染を防止するように努めるとともに、国又は地方公共団体が実施するダイオキシン類による環境の汚染の防止又はその除去等に関する施策に協力するように努めるものとする。

## 第２章　ダイオキシン類に関する施策の基本とすべき基準

**（耐容１日摂取量）**

**第６条**　ダイオキシン類が人の活動に伴って発生する化学物質であって本来環境中には存在しないものであることにかんがみ、国及び地方公共団体が講ずるダイオキシン類に関する施策の指標とすべき耐容１日摂取量（ダイオキシン類を人が生涯にわたって継続的に摂取したとしても健康に影響を及ぼすおそれがない１日当たりの摂取量で2･3･7･8-四塩化ジベンゾ-パラ-ジオキシンの量として表したものをいう。）は、人の体重１キログラム当たり４ピコグラム以下で政令で定める値とする。

②　前項の値については、化学物質の安全性の評価に関する国際的動向に十分配慮しつつ科学的知見に基づいて必要な改定を行うものとする。

**（環境基準）**

**第７条**　政府は、ダイオキシン類による大気の汚染、水質の汚濁（水底の底質の汚染を含む。）及び土壌の汚染に係る環境上の条件について、それぞれ、人の健康を保護する上で維持されることが望ましい基準を定めるものとする。

## 第３章　ダイオキシン類の排出の規制等

### 第１節　ダイオキシン類に係る排出ガス及び排出水に関する規制

**（排出基準）**

**第８条**　ダイオキシン類の排出基準は、特定施設に係る排出ガス又は排出水に含まれるダイオキシン類の排出の削減に係る技術水準を勘案し、特定施設の種類及び構造に応じて、環境省令で定める。

②　前項の排出基準は、排出ガスに係るもの（以下「大気排出基準」という。）にあっては第１号、排出水に係るもの（以下「水質排出基準」という。）にあっては第２号に掲げる許容限度とする。

1　排出ガスに含まれるダイオキシン類の量（環境省令で定める方法により測定されるダイオキシン類の量を2･3･7･8-四塩化ジベンゾ-パラ-ジオキシンの毒性に環境省令で定めるところにより換算した量をいう。以下同じ。）について定める許容限度

2　排出水に含まれるダイオキシン類の量について定める許容限度

③　都道府県は、当該都道府県の区域のうちに、その自然的社会的条件から判

断して、第1項の排出基準によっては、人の健康を保護することが十分でないと認められる区域があるときは、その区域における特定施設から排出される排出ガス又はその区域に排出される排出水に含まれるダイオキシン類の量について、政令で定めるところにより、条例で、同項の排出基準に代えて適用すべき同項の排出基準で定める許容限度より厳しい許容限度を定める排出基準を定めることができる。

④　前項の条例においては、併せて当該区域の範囲を明らかにしなければならない。

⑤　都道府県が、第3項の規定により排出基準を定める場合には、当該都道府県知事は、あらかじめ、環境大臣及び関係都道府県知事（同項の排出基準のうち、排出水に係るものを定める場合に限る。）に通知しなければならない。

**（排出基準に関する勧告）**

**第9条**　環境大臣は、ダイオキシン類による大気の汚染又は公共用水域の水質の汚濁の防止のため特に必要があると認めるときは、都道府県に対し、前条第3項の規定により排出基準を定め、又は同項の規定により定められた排出基準を変更すべきことを勧告することができる。

**（総量規制基準）**

**第10条**　都道府県知事は、大気排出基準（第8条第3項の規定により定められる排出基準のうち、排出ガスに係るものを含む。以下この項において同じ。）が適用される特定施設（以下「大気基準適用施設」という。）が集合している地域で、大気排出基準のみによっては第7条の基準のうち大気の汚染に関する基準の確保が困難であると認められる地域として政令で定める地域（以下「指定地域」という。）にあっては、当該指定地域に設置されている特定事業場で大気基準適用施設を設置しているもの（以下「総量規制基準適用事業場」という。）から大気中に排出されるダイオキシン類について、総量削減計画を作成し、これに基づき、環境省令で定めるところにより、総量規制基準を定めなければならない。

②　都道府県知事は、必要があると認めるときは、当該指定地域を2以上の区域に区分し、それらの区域ごとに前項の総量規制基準を定めることができる。

③　都道府県知事は、新たに大気基準適用施設が設置された総量規制基準適用事業場（工場又は事業場で、特定施設の設置又は構造等の変更により新たに

総量規制基準適用事業場となったものを含む。）及び新たに設置された総量規制基準適用事業場について、第１項の総量削減計画に基づき、環境省令で定めるところにより、同項の総量規制基準に代えて適用すべき特別の総量規制基準を定めることができる。

④　第１項又は前項の総量規制基準は、総量規制基準適用事業場につき当該総量規制基準適用事業場に設置されているすべての大気基準適用施設の排出口（大気基準適用施設から排出ガスを大気中に排出するために設けられた煙突その他の施設の開口部をいう。以下同じ。）から排出されるダイオキシン類の量の合計量について定める許容限度とする。

⑤　都道府県知事は、第１項の政令で定める地域の要件に該当すると認められる一定の地域があるときは、同項の政令の立案について、環境大臣に対し、その旨の申出をすることができる。

⑥　住民は、その住所地を管轄する都道府県知事に対し、前項の申出をするよう申し出ることができる。

⑦　環境大臣は、第１項の政令の制定又は改廃の立案をしようとするときは、関係都道府県知事の意見を聴かなければならない。

⑧　都道府県知事は、第１項又は第３項の総量規制基準を定めるときは、公示しなければならない。これを変更し、又は廃止するときも、同様とする。

**（総量削減計画）**

**第11条**　前条第１項の総量削減計画は、当該指定地域について、第１号に掲げる総量を第２号に掲げる総量までに削減させることを目途として、大気基準適用施設の種類及び規模等を勘案し、政令で定めるところにより、第３号から第５号までに掲げる事項を定めるものとする。この場合において、当該指定地域における大気基準適用施設の分布の状況により計画の達成上当該指定地域を２以上の区域に区分する必要があるときは、第１号及び第２号に掲げる総量は、区分される区域ごとのそれぞれのダイオキシン類の量の総量とする。

１　当該指定地域におけるすべての大気基準適用施設から大気中に排出されるダイオキシン類の量の総量

２　第７条の基準のうち大気の汚染に関する基準に照らし環境省令で定めるところにより算定される当該指定地域における大気基準適用施設から大気中に排出されるダイオキシン類の量の総量

3　第１号の総量についての削減目標量（中間目標としての削減目標量を定める場合にあっては、その削減目標量を含む。）

4　計画の達成の期間

5　計画の達成の方途

②　都道府県知事は、前条第１項の総量削減計画を定めようとするときは、環境基本法（平成５年法律第91号）第43条の規定により置かれる審議会その他の合議制の機関及び関係市町村長の意見を聴くとともに、公聴会の開催その他の指定地域の住民の意見を反映させるために必要な措置を講じなければならない。

③　都道府県知事は、前条第１項の総量削減計画を定めようとするときは、あらかじめ、第１項第３号及び第４号に係る部分について、環境大臣に協議しなければならない。

④　都道府県知事は、前条第１項の総量削減計画を定めたときは、第１項各号に掲げる事項を公表するよう努めなければならない。

⑤　都道府県知事は、当該指定地域における大気の汚染の状況の変動等により必要が生じたときは、前条第１項の総量削減計画を変更することができる。

⑥　第２項から第４項までの規定は、前項の規定による計画の変更について準用する。

**（特定施設の設置の届出）**

**第12条**　特定施設を設置しようとする者は、環境省令で定めるところにより、次の事項を都道府県知事に届け出なければならない。

1　氏名又は名称及び住所並びに法人にあっては、その代表者の氏名

2　特定事業場の名称及び所在地

3　特定施設の種類

4　特定施設の構造

5　特定施設の使用の方法

6　大気基準適用施設にあっては発生ガス（大気基準適用施設において発生するガスをいう。以下同じ。）、水質排出基準（第８条第３項の規定により定められる排出基準のうち、排出水に係るものを含む。）に係る特定施設（以下「水質基準対象施設」という。）にあっては当該水質基準対象施設から排出される汚水又は廃液の処理の方法

② 前項の規定による届出には、特定施設の種類若しくは構造又は発生ガス若しくは汚水若しくは廃液の処理の方法等から見込まれるダイオキシン類の排出量（大気基準適用施設にあっては排出ガスに含まれるダイオキシン類の量とし、水質基準対象施設にあってはその水質基準対象施設が設置される特定事業場（以下「水質基準適用事業場」という。）の排出水に含まれるダイオキシン類の量とする。）その他環境省令で定める事項を記載した書類を添付しなければならない。

**（経過措置）**

**第13条** 一の施設が特定施設となった際現にその施設を設置している者（設置の工事をしている者を含む。次項において同じ。）であって、排出ガスを排出し、又は排出水を排出するものは、当該施設が特定施設となった日から30日以内に、環境省令で定めるところにより、前条第１項各号に掲げる事項を都道府県知事に届け出なければならない。

② 次の表の上欄（編注･左欄）に掲げる者は、環境省令で定めるところにより、同表の中欄に掲げる事項を、同表の下欄（編注・右欄）に定める日から30日以内に、都道府県知事に届け出なければならない。

| | | |
|---|---|---|
| 一の水質基準対象施設が大気基準適用施設となった際現にその施設を設置している者 | その発生ガスに係る前条第１項第６号に掲げる事項 | その水質基準対象施設が大気基準適用施設となった日 |
| 一の大気基準適用施設が水質基準対象施設となった際現にその施設を設置している者 | その汚水又は廃液に係る前条第１項第６号に掲げる事項 | その大気基準適用施設が水質基準対象施設となった日 |

③ 前条第２項の規定は、前二項の規定による届出について準用する。

**（特定施設の構造等の変更の届出）**

**第14条** 第12条第１項又は前条第１項若しくは第２項の規定による届出をした者は、その届出に係る第12条第１項第４号から第６号までに掲げる事項又は前条第２項の表の中欄に掲げる事項の変更をしようとするときは、環境省令で定めるところにより、その旨を都道府県知事に届け出なければならない。

② 第12条第２項の規定は、前項の規定による届出について準用する。

**（計画変更命令等）**

**第15条** 都道府県知事は、第12条第１項又は前条第１項の規定による届出があった場合において、その届出に係る特定施設に係る排出ガスにあっては当該特定施設の排出口、排出水にあっては当該特定施設が設置されている水質基準適用事業場の排水口（排出水を排出する場所をいう。以下同じ。）において、その排出ガス又は排出水に含まれるダイオキシン類の量が第８条第１項の排出基準（同条第３項の規定により排出基準が定められた場合にあっては、その排出基準を含む。以下単に「排出基準」という。）に適合しないと認めるときは、その届出を受理した日から60日以内において、その届出をした者に対し、当該特定施設の構造若しくは使用の方法若しくは当該特定施設に係る発生ガス若しくは汚水若しくは廃液の処理の方法に関する計画の変更（前条第１項の規定による届出に係る計画の廃止を含む。）又は第12条第１項の規定による届出に係る特定施設の設置に関する計画の廃止を命ずることができる。

**第16条**　都道府県知事は、第12条第１項又は第14条第１項の規定による届出があった場合において、その届出に係る大気基準適用施設が設置される総量規制基準適用事業場（工場又は事業場で、特定施設の設置又は構造等の変更により新たに総量規制基準適用事業場となるものを含む。以下この条において同じ。）について、当該総量規制基準適用事業場に設置されるすべての大気基準適用施設の排出口から排出されるダイオキシン類の量の合計量が総量規制基準に適合しないと認めるときは、その届出を受理した日から60日以内において、当該総量規制基準適用事業場の設置者に対し、当該総量規制基準適用事業場における発生ガスの処理の方法の改善その他必要な措置をとるべきことを命ずることができる。

**（実施の制限）**

**第17条**　第12条第１項の規定による届出をした者又は第14条第１項の規定による届出をした者は、その届出が受理された日から60日を経過した後でなければ、それぞれ、その届出に係る特定施設を設置し、又はその届出に係る特定施設の構造若しくは使用の方法若しくは発生ガス若しくは汚水若しくは廃液の処理の方法の変更をしてはならない。

②　都道府県知事は、第12条第１項又は第14条第１項の規定による届出に係る事項の内容が相当であると認めるときは、前項に規定する期間を短縮することができる。

（氏名の変更等の届出）

**第18条**　第12条第１項又は第13条第１項の規定による届出をした者は、その届出に係る第12条第１項第１号若しくは第２号に掲げる事項に変更があったとき、又はその届出に係る特定施設の使用を廃止したときは、その日から30日以内に、その旨を都道府県知事に届け出なければならない。

（承継）

**第19条**　第12条第１項又は第13条第１項の規定による届出をした者からその届出に係る特定施設を譲り受け、又は借り受けた者は、当該特定施設に係る当該届出をした者の地位を承継する。

②　第12条第１項又は第13条第１項の規定による届出をした者について相続、合併又は分割（その届出に係る特定施設を承継させるものに限る。）があったときは、相続人、合併後存続する法人若しくは合併により設立した法人又は分割により当該特定施設を承継した法人は、当該届出をした者の地位を承継する。

③　前二項の規定により第12条第１項又は第13条第１項の規定による届出をした者の地位を承継した者は、その承継があった日から30日以内に、その旨を都道府県知事に届け出なければならない。

④　特定事業場に設置されるすべての大気基準適用施設について、第１項又は第２項の規定により届出をした者の地位を承継した者は、第16条又は第22条第３項の規定の適用については、特定事業場の設置者の地位を承継するものとする。

（排出の制限）

**第20条**　排出ガスを排出し、又は排出水を排出する者（以下「排出者」という。）は、当該排出ガス又は排出水に含まれるダイオキシン類の量が、大気基準適用施設にあっては排出ガスの排出口、水質基準対象施設にあっては当該水質基準対象施設を設置している水質基準適用事業場の排水口において、排出基準に適合しない排出ガス又は排出水を排出してはならない。

②　前項の規定は、一の施設が特定施設となった際現にその施設を設置している者（設置の工事をしている者を含む。次項において同じ。）の当該施設から排出される排出ガス又は当該施設に係る排出水については、当該施設が特定

施設となった日から１年間は、適用しない。ただし、当該施設が水質基準対象施設となった際既に当該工場又は事業場が水質基準適用事業場であるとき、及びその者に適用されている地方公共団体の条例の規定で前項の規定に相当するものがあるとき（当該規定の違反行為に対する処罰規定がないときを除く。）は、この限りでない。

③　第１項の規定は、一の水質基準対象施設が大気基準適用施設となった際現にその施設を設置している者の当該施設から排出される排出ガス又は一の大気基準適用施設が水質基準対象施設となった際現にその施設を設置している者の当該施設に係る排出水については、それぞれ、当該施設が大気基準適用施設又は水質基準対象施設となった日から１年間は、適用しない。この場合においては、前項ただし書の規定を準用する。

**（総量規制基準に係る排出の制限）**

**第21条**　総量規制基準適用事業場において大気中に排出ガスを排出する者は、当該総量規制基準適用事業場に設置されているすべての大気基準適用施設の排出口から排出されるダイオキシン類の量の合計量が総量規制基準に適合しない排出ガスを排出してはならない。

②　前項の規定は、第２条第２項の政令の改正、第８条第１項の環境省令の改正又は第10条第１項の政令の改正により新たに総量規制基準適用事業場となった工場又は事業場に設置されている大気基準適用施設から大気中に排出ガスを排出する者については、当該工場又は事業場が総量規制基準適用事業場となった日から１年間は、適用しない。

**（改善命令等）**

**第22条**　都道府県知事は、排出者が、その設置している大気基準適用施設の排出口又は水質基準適用事業場の排水口において排出基準に適合しない排出ガス又は排出水を継続して排出するおそれがあると認めるときは、その者に対し、期限を定めて特定施設の構造若しくは使用の方法若しくは当該特定施設に係る発生ガス若しくは汚水若しくは廃液の処理の方法の改善を命じ、又は当該特定施設の使用の一時停止を命ずることができる。

②　第20条第２項及び第３項の規定は、前項の規定による命令について準用する。

③　都道府県知事は、総量規制基準に適合しない排出ガスが継続して排出され

るおそれがあると認めるときは、当該排出ガスに係る総量規制基準適用事業場の設置者に対し、期限を定めて、当該総量規制基準適用事業場における発生ガスの処理の方法の改善その他必要な措置をとるべきことを命ずることができる。

④　前項の規定は、第２条第２項の政令の改正、第８条第１項の環境省令の改正又は第10条第１項の政令の改正により新たに総量規制基準適用事業場となった工場又は事業場については、当該工場又は事業場が総量規制基準適用事業場となった日から１年間は、適用しない。

**（事故時の措置）**

**第23条**　特定施設を設置している者は、特定施設の故障、破損その他の事故が発生し、ダイオキシン類が大気中又は公共用水域に多量に排出されたときは、直ちに、その事故について応急の措置を講じ、かつ、その事故を速やかに復旧するように努めなければならない。

②　前項の場合には、同項に規定する者は、直ちに、その事故の状況を都道府県知事に通報しなければならない。ただし、石油コンビナート等災害防止法（昭和50年法律第84号）第23条第１項の規定による通報をした場合は、この限りでない。

③　都道府県知事は、第１項に規定する事故が発生した場合において、当該事故に係る特定事業場の周辺の区域における人の健康が損なわれ、又は損なわれるおそれがあると認めるときは、その事故に係る同項に規定する者に対し、その事故の拡大又は再発の防止のため必要な措置をとるべきことを命ずることができる。

④　都道府県知事は、第２項の規定による通報を受け、又は前項の規定による命令をしたときは、速やかに、その旨を環境大臣に報告しなければならない。

### 第２節　廃棄物焼却炉に係るばいじん等の処理等

**（廃棄物焼却炉に係るばいじん等の処理）**

**第24条**　廃棄物焼却炉である特定施設から排出される当該特定施設の集じん機によって集められたばいじん及び焼却灰その他の燃え殻の処分（再生することを含む。）を行う場合には、当該ばいじん及び焼却灰その他の燃え殻に含まれるダイオキシン類の量が環境省令で定める基準以内となるように処理しなければならない。

② 廃棄物焼却炉である特定施設から排出される当該特定施設の集じん機によって集められたばいじん及び焼却灰その他の燃え殻については、廃棄物の処理及び清掃に関する法律（昭和45年法律第137号）第２条第３項中「爆発性」とあるのは「廃棄物の焼却施設に係る燃え殻その他の爆発性」と、同条第５項中「爆発性」とあるのは「廃棄物の焼却施設に係る集じん機によって集められたばいじん及び燃え殻その他の爆発性」と、同法第６条の２第３項中「基準は」とあるのは「基準は、ダイオキシン類対策特別措置法（平成11年法律第105号）第24条第１項に定めるもののほか」と、同法第12条の２第１項中「政令」とあるのは「ダイオキシン類対策特別措置法第24条第１項に定めるもののほか、政令」と読み替えて、同法の規定を適用する。

**（廃棄物の最終処分場の維持管理）**

**第25条** 廃棄物の最終処分場については、ダイオキシン類により大気、公共用水域及び地下水並びに土壌が汚染されることがないように、環境省令で定める基準に従い、最終処分場の維持管理をしなければならない。

② 廃棄物の最終処分場については、廃棄物の処理及び清掃に関する法律第８条の３第１項中「環境省令」とあるのは「環境省令（ダイオキシン類対策特別措置法（平成11年法律第105号）第25条第１項の環境省令を含む。第15条の２の３第１項において同じ。）」と、同法第９条第５項中「環境省令で定める技術上」とあるのは「環境省令（ダイオキシン類対策特別措置法第25条第１項の環境省令を含む。）で定める技術上」と読み替えて、同法の規定を適用する。

## 第４章 ダイオキシン類による汚染の状況に関する調査等

**（常時監視）**

**第26条** 都道府県知事は、当該都道府県の区域に係る大気、水質（水底の底質を含む。以下同じ。）及び土壌のダイオキシン類による汚染の状況を常時監視しなければならない。

② 都道府県知事は、前項の常時監視の結果を環境大臣に報告しなければならない。

**（都道府県知事等による調査測定）**

**第27条** 都道府県知事は、国の地方行政機関の長及び地方公共団体の長と協議して、当該都道府県の区域に係る大気、水質及び土壌のダイオキシン類による汚染の状況についての調査測定をするものとする。
② 国及び地方公共団体は、前項の協議の結果に基づき調査測定を行い、その結果を都道府県知事に送付するものとする。
③ 都道府県知事は、第1項の調査測定の結果及び前項の規定により送付を受けた調査測定の結果を公表するものとする。
④ 国の行政機関の長又は都道府県知事は、土壌のダイオキシン類による汚染の状況を調査測定するため、必要があるときは、その必要の限度において、その職員に、土地に立ち入り、土壌その他の物につき調査測定させ、又は調査測定のため必要な最少量に限り土壌その他の物を無償で集取させることができる。
⑤ 前項の規定により立ち入ろうとする職員は、その身分を示す証明書を携帯し、関係者に提示しなければならない。

**（設置者による測定）**

**第28条** 大気基準適用施設又は水質基準適用事業場の設置者は、毎年1回以上で政令で定める回数、政令で定めるところにより、大気基準適用施設にあっては当該大気基準適用施設から排出される排出ガス、水質基準適用事業場にあっては当該水質基準適用事業場から排出される排出水につき、そのダイオキシン類による汚染の状況について測定を行わなければならない。
② 廃棄物焼却炉である特定施設に係る前項の測定を行う場合においては、併せて、その排出する集じん機によって集められたばいじん及び焼却灰その他の燃え殻につき、政令で定めるところにより、そのダイオキシン類による汚染の状況について、測定を行わなければならない。
③ 大気基準適用施設又は水質基準適用事業場の設置者は、前二項の規定により測定を行ったときは、その結果を都道府県知事に報告しなければならない。
④ 都道府県知事は、前項の規定による報告を受けたときは、その報告を受けた第1項及び第2項の測定の結果を公表するものとする。

## 第5章　ダイオキシン類により汚染された土壌に係る措置

**（対策地域の指定）**

**第29条** 都道府県知事は、当該都道府県の区域内においてダイオキシン類による土壌の汚染の状況が第７条の基準のうち土壌の汚染に関する基準を満たさない地域であって、当該地域内の土壌のダイオキシン類による汚染の除去等をする必要があるものとして政令で定める要件に該当するものをダイオキシン類土壌汚染対策地域（以下「対策地域」という。）として指定することができる。

② 環境大臣は、前項の政令の制定又は改廃の立案をしようとするときは、中央環境審議会の意見を聴かなければならない。

③ 都道府県知事は、対策地域を指定しようとするときは、環境基本法第43条の規定により置かれる審議会その他の合議制の機関及び関係市町村長の意見を聴かなければならない。

④ 都道府県知事は、対策地域を指定したときは、遅滞なく、環境省令で定めるところにより、その旨を公告するとともに、環境大臣に報告し、かつ、関係市町村長に通知しなければならない。

⑤ 市町村長は、当該市町村の区域内の一定の地域で第１項の政令で定める要件に該当するものを、対策地域として指定すべきことを都道府県知事に対し要請することができる。

**（対策地域の区域の変更等）**

**第30条** 都道府県知事は、対策地域の指定の要件となった事実の変更により必要が生じたときは、その指定に係る対策地域の区域を変更し、又はその指定を解除することができる。

② 前条第３項及び第４項の規定は、前項の規定による対策地域の区域の変更又は対策地域の指定の解除について準用する。

**（ダイオキシン類土壌汚染対策計画）**

**第31条** 都道府県知事は、対策地域を指定したときは、遅滞なく、ダイオキシン類土壌汚染対策計画（以下「対策計画」という。）を定めなければならない。

② 対策計画においては、次に掲げる事項のうち必要なものを定めるものとする。

1　対策地域の区域内にある土地の利用の状況に応じて、政令で定めるところにより、次に掲げる事項のうち必要なものに関する事項

イ　ダイオキシン類による土壌の汚染の除去に関する事業の実施に関する事項

ロ　その他ダイオキシン類により汚染されている土壌に係る土地の利用等により人の健康に係る被害が生ずることを防止するため必要な事業の実施その他必要な措置に関する事項

2　ダイオキシン類による土壌の汚染を防止するための事業の実施に関する事項

③　都道府県知事は、対策計画を定めようとするときは、関係市町村長の意見を聴くとともに、公聴会の開催その他の対策地域の住民の意見を反映させるために必要な措置を講じなければならない。

④　都道府県知事は、対策計画を定めようとするときは、環境大臣に協議し、その同意を得なければならない。

⑤　環境大臣は、前項の同意をしようとするときは、関係行政機関の長と協議しなければならない。

⑥　都道府県知事は、対策計画を定めたときは、遅滞なく、その概要を公告するとともに、関係市町村長に通知しなければならない。

⑦　対策計画に基づく事業については、公害防止事業費事業者負担法（昭和45年法律第133号）の規定は、事業者によるダイオキシン類の排出とダイオキシン類による土壌の汚染との因果関係が科学的知見に基づいて明確な場合に、適用するものとする。

**（対策計画の変更）**

**第32条**　都道府県知事は、対策地域の区域の変更により、又は対策地域の区域内にある土地の土壌のダイオキシン類による汚染の状況の変動等により必要が生じたときは、対策計画を変更することができる。

②　前条第3項から第6項までの規定は、前項の規定による対策計画の変更（環境省令で定める軽微な変更を除く。）について準用する。

## 第6章　ダイオキシン類の排出の削減のための国の計画

**第33条**　環境大臣は、我が国における事業活動に伴い排出されるダイオキシン類の量を削減するための計画を作成するものとする。

②　前項の計画においては、次の事項を定めるものとする。

1　我が国におけるダイオキシン類の事業分野別の推計排出量に関する削減目標量

2　前号の削減目標量を達成するため事業者が講ずべき措置に関する事項

3　資源の再生利用の推進その他のダイオキシン類の発生の原因となる廃棄物の減量化を図るため国及び地方公共団体が講ずべき施策に関する事項

4　その他我が国における事業活動に伴い排出されるダイオキシン類の削減に関し必要な事項

③　環境大臣は、第1項の計画を定めようとするときは、公害対策会議の議を経なければならない。

④　環境大臣は、第1項の計画を定めたときは、遅滞なく、これを公表しなければならない。

⑤　前二項の規定は、第1項の計画の変更について準用する。

## 第7章　雑則

**（報告及び検査）**

**第34条**　環境大臣又は都道府県知事は、この法律の施行に必要な限度において、政令で定めるところにより、特定施設を設置している者に対し、特定施設の状況その他必要な事項の報告を求め、又はその職員に、特定事業場に立ち入り、特定施設その他の物件を検査させることができる。

②　前項の規定による環境大臣による報告の徴収又はその職員による立入検査は、大気、水質又は土壌のダイオキシン類による汚染により人の健康に係る被害が生ずることを防止するため緊急の必要があると認められる場合に行うものとする。

③　第1項の規定により立入検査をする職員は、その身分を示す証明書を携帯し、関係者に提示しなければならない。

④　第1項の規定による立入検査の権限は、犯罪捜査のために認められたものと解釈してはならない。

**（適用除外等）**

**第35条**　次の表の上欄（編注・左欄）に掲げる者に関しては、同表の中欄に掲げる施設又は事業場について、同表の下欄（編注・右欄）に定める規定は適用せず、鉱山保安法（昭和24年法律第70号）、電気事業法（昭和39年法律第170号）、ガス事業法（昭和29年法律第51号）又は海洋汚染等及び海上災害の防止に関する法律（昭和45年法律第136号）の相当規定の定めるところによる。

| | | |
|---|---|---|
| 1　鉱山保安法第２条第２項本文に規定する鉱山に設置される同法第13条第１項の経済産業省令で定める施設（以下「鉱山施設」という。）である特定施設から排出ガスを排出し、又は鉱山施設である特定施設を設置する同法第２条第２項本文に規定する鉱山から排出水を排出する者 | 大気基準適用施設にあっては当該特定施設、水質基準対象施設にあっては当該鉱山 | 第12条から第19条まで及び第23条 |
| 2　電気事業法第２条第１項第18号に規定する電気工作物（以下「電気工作物」という。）である特定施設から排出ガスを排出し、又は電気工作物である特定施設を設置する工場若しくは事業場から排出水を排出する者 | 当該特定施設 | 第12条から第19条まで及び第23条第２項から第４項まで |
| 3　ガス事業法第２条第13項に規定するガス工作物である特定施設から排出ガスを排出する者 | 当該特定施設 | 第12条から第19条まで及び第23条第２項から第４項まで |
| 4　海洋汚染等及び海上災害の防止に関する法律第３条第14号に規定する廃油処理施設（以下「廃油処理施設」という。）である特定施設を設置する工場又は事業場から排出水を排出する者 | 当該特定施設 | 第12条から第19条まで及び第23条 |
| 5　海洋汚染等及び海上災害の防止に関する法律第３条第３号に規定する海洋施設等（廃油処理施設を除く。）である特定施設を設置する工場又は事業場から排出水を排出する者 | 当該特定施設 | 第23条 |

②　前項に規定する法律に基づく権限を有する国の行政機関の長（以下この条において単に「行政機関の長」という。）は、第12条、第14条、第18条又は第19条第３項の規定に相当する鉱山保安法、電気事業法又はガス事業法の規定による前項に規定する特定施設に係る許可若しくは認可の申請又は届出があったときは、その許可若しくは認可の申請又は届出に係る事項のうちこれらの規定による届出事項に該当する事項を当該特定施設を設置する工場又は事業場の所在地を管轄する都道府県知事に通知するものとする。

③　都道府県知事は、第１項に規定する特定施設に係る排出ガス又は排出水に含まれるダイオキシン類に起因して、人の健康に係る被害を生ずるおそれがあると認めるときは、行政機関の長に対し、第15条又は第16条の規定に相当する鉱山保安法、電気事業法、ガス事業法又は海洋汚染等及び海上災害の防止に関する法律の規定による措置を執るべきことを要請することができる。

④　行政機関の長は、前項の規定による要請があった場合において講じた措置を当該都道府県知事に通知するものとする。

⑤　都道府県知事は、第１項の表第１号から第４号までの上欄（編注・左欄）

に掲げる者に対し、第22条第１項又は第３項の規定による命令をしようとするときは、あらかじめ、行政機関の長に協議しなければならない。

**（資料の提出の要求等）**

**第36条**　環境大臣は、この法律の目的を達成するため必要があると認めるときは、関係地方公共団体の長に対し、必要な資料の提出及び説明を求めることができる。

②　都道府県知事は、この法律の目的を達成するため必要があると認めるときは、関係行政機関の長又は関係地方公共団体の長に対し、特定施設の状況等に関する資料の送付その他の協力を求め、又はダイオキシン類による環境の汚染の防止若しくはその除去等に関し意見を述べることができる。

**（環境大臣の指示）**

**第37条**　環境大臣は、大気、水質又は土壌のダイオキシン類による汚染により人の健康に係る被害が生ずることを防止するため緊急の必要があると認めるときは、都道府県知事又は第41条第１項の政令で定める市（特別区を含む。）の長に対し、次に掲げる事務に関して必要な指示をすることができる。

1　第15条、第16条、第22条第１項及び第３項並びに第23条第３項の規定による命令に関する事務

2　第29条第１項の規定による指定及び第30条第１項の規定による変更又は解除に関する事務

3　第35条第３項の規定による要請に関する事務

4　前条第２項の規定による協力を求め、又は意見を述べることに関する事務

**（国の援助）**

**第38条**　国は、工場又は事業場における事業活動等によるダイオキシン類による環境の汚染の防止又はその除去等のための施設の設置又は改善につき必要な資金のあっせん、技術的な助言その他の援助に努めるものとする。

**（研究の推進等）**

**第39条**　国は、ダイオキシン類の処理に関する技術の研究、ダイオキシン類の人の健康に及ぼす影響の研究その他ダイオキシン類による環境の汚染の防止及びその除去等に関する研究を推進し、その成果の普及に努めるものとする。

**（経過措置）**

**第40条**　この法律の規定に基づき命令を制定し、又は改廃する場合においては、その命令で、その制定又は改廃に伴い合理的に必要と判断される範囲内において、所要の経過措置（罰則に関する経過措置を含む。）を定めることができる。

**（権限の委任）**

**第40条の２**　この法律に規定する環境大臣の権限は、環境省令で定めるところにより、地方環境事務所長に委任することができる。

**（政令で定める市の長による事務の処理）**

**第41条**　この法律の規定により都道府県知事の権限に属する事務の一部は、政令で定めるところにより、政令で定める市（特別区を含む。次項において同じ。）の長が行うこととすることができる。

②　前項の政令で定める市の長は、この法律の施行に必要な事項で環境省令で定めるものを都道府県知事に通知しなければならない。

**（事務の区分）**

**第42条**　この法律の規定により都道府県が処理することとされている事務のうち、第10条第１項の規定により処理することとされているもの（総量削減計画の作成に係るものを除く。）並びに同条第２項及び第３項並びに第26条の規定により処理することとされているものは、地方自治法（昭和22年法律第67号）第２条第９項第１号に規定する第１号法定受託事務とする。

**（条例との関係）**

**第43条**　この法律の規定は、地方公共団体が、大気基準適用施設以外の施設から大気中に排出される排出物又は水質基準適用事業場以外の工場若しくは事業場から排出される水に含まれるダイオキシン類の排出に係る事項に関し、条例で必要な規制を定めることを妨げるものではない。

## 第８章　罰則

**第44条**　第15条、第16条又は第22条第１項若しくは第３項の規定による命令に違反した者は、１年以下の懲役又は100万円以下の罰金に処する。

**第45条**　次の各号のいずれかに該当する者は、６月以下の懲役又は50万円以下の罰金に処する。

1　第20条第１項又は第21条第１項の規定に違反した者

2　第23条第３項の規定による命令に違反した者

② 過失により、前項第１号の罪を犯した者は、３月以下の禁錮又は30万円以下の罰金に処する。

③ 第１項第１号及び前項の違反行為については、当該違反行為が行われた日から３月以内に都道府県知事が当該違反行為に係る施設に関しその職員に第34条第１項の規定による立入検査をさせ、当該立入検査において環境省令で定める方法により測定した結果が排出基準又は総量規制基準に適合しない場合に限り、当該違反行為をした者を罰する。

**第46条**　第12条第１項又は第14条第１項の規定による届出をせず、又は虚偽の届出をした者は、３月以下の懲役又は30万円以下の罰金に処する。

**第47条**　次の各号のいずれかに該当する者は、20万円以下の罰金に処する。

1　第13条第１項の規定による届出をせず、又は虚偽の届出をした者

2　第17条第１項の規定に違反した者

3　第34条第１項の規定による報告をせず、若しくは虚偽の報告をし、又は同項の規定による検査を拒み、妨げ、若しくは忌避した者

**第48条**　法人の代表者又は法人若しくは人の代理人、使用人その他の従業員が、その法人又は人の業務に関し、前四条の違反行為をしたときは、行為者を罰するほか、その法人又は人に対して各本条の罰金刑を科する。

**第49条**　第13条第２項、第18条又は第19条第３項の規定による届出をせず、又は虚偽の届出をした者は、10万円以下の過料に処する。

＊ 令和７年６月１日より、第44条、第45条第１項及び第46条中「懲役」が「拘禁刑」に、また第45条第２項中「禁錮」が「拘禁刑」に改正される。

### 附　則　抄

**（施行期日）**

**第１条**　この法律は、公布の日から起算して６月を超えない範囲内において政令で定める日（編注・平成12年１月15日）から施行する。ただし、次の各号に掲げる規定は、当該各号に定める日から施行する。

1　第26条第２項、第34条第２項、第37条及び第42条並びに附則第５条の規

定　平成12年４月１日

**（検討）**

**第２条**　政府は、臭素系ダイオキシンにつき、人の健康に対する影響の程度、その発生過程等に関する調査研究を推進し、その結果に基づき、必要な措置を講ずるものとする。

②　ダイオキシン類に係る規制の在り方については、この法律の目的を踏まえつつ、その時点において到達されている水準の科学的知見（次項において単に「科学的知見」という。）に基づき検討が加えられ、その結果に基づき、必要な見直し等の措置が講ぜられるものとする。

③　ダイオキシン類に係る健康被害の状況及び食品への蓄積の状況を勘案して、その対策については、科学的知見に基づき検討が加えられ、その結果に基づき、必要な措置が講ぜられるものとする。

**第３条**　政府は、ダイオキシン類の発生過程における特性にかんがみ、小規模な廃棄物焼却炉の構造及び維持管理に関する規制並びに廃棄物焼却施設によらない廃棄物の焼却に関する規制の在り方について、検討を加え、その結果に基づき、必要な措置を講ずるものとする。

**（中略）**

**附　則**（令和４年６月17日法律第68号）　抄

**（施行期日）**

1　この法律は、刑法等一部改正法施行日（編注・令和７年６月１日）から施行する。ただし、次の各号に掲げる規定は、当該各号に定める日から施行する。

　1　第509条の規定　公布の日

## 【資料　7】

# ダイオキシン類対策特別措置法施行令

（平成11年12月27日政令第433号
改正　平成30年８月10日政令第241号）

（特定施設）

**第１条**　ダイオキシン類対策特別措置法（以下「法」という。）第２条第２項のダイオキシン類を発生し、及び大気中に排出する施設で政令で定めるものは別表第１に掲げる施設とし、同項のダイオキシン類を含む汚水又は廃液を排出する施設で政令で定めるものは別表第２に掲げる施設とする。

（耐容１日摂取量）

**第２条**　法第６条第１項の政令で定める値は、４ピコグラムとする。

（排出基準に関する条例）

**第３条**　法第８条第３項の規定による条例においては、排出ガスに係る排出基準にあってはダイオキシン類による大気の汚染に係る環境上の条件についての法第７条の基準が維持されるため必要かつ十分な程度の許容限度を定めるものとし、排出水に係る排出基準にあってはダイオキシン類による水質の汚濁に係る環境上の条件についての同条の基準が維持されるため必要かつ十分な程度の許容限度を定めるものとする。

（設置者による測定）

**第４条**　法第28条第１項の規定による測定は、毎年１回以上、同項の排出ガス又は排出水に含まれるダイオキシン類の量について、環境省令で定める方法により行うものとする。

②　法第28条第２項の規定による測定は、同項のばいじん及び焼却灰その他の燃え殻に含まれるダイオキシン類の量について、環境省令で定める方法により行うものとする。

（対策地域の指定要件）

**第５条**　法第29条第１項の政令で定める要件は、人が立ち入ることができる地域（工場又は事業場の敷地の区域のうち、当該工場又は事業場に係る事業に従事する者以外の者が立ち入ることができないものを除く。）であることとする。

**（対策計画の内容）**

**第６条**　法第31条第１項に規定する対策計画においては、同条第２項第１号イ又はロに規定する事業に関する事項については当該事業の実施地域、内容及び事業費の額並びに当該事業を実施する者を明らかにして定めるものとし、同号イ及びロに規定する事業以外の措置に関する事項については当該措置の対象地域及び内容並びに当該措置を講ずる期間を明らかにして定めるものとする。

**（報告及び検査）**

**第７条**　環境大臣又は都道府県知事は、法第34条第１項の規定により、大気基準適用施設を設置している者に対し、大気基準適用施設の使用の方法、排出ガスの処理の方法、排出ガスの量及び排出ガス中のダイオキシン類の濃度、法第12条第２項の環境省令で定める事項（大気基準適用施設に係るものに限る。）並びに大気基準適用施設の事故の状況及び事故時の措置について報告を求めることができる。

②　環境大臣又は都道府県知事は、法第34条第１項の規定により、水質基準対象施設を設置している者に対し、水質基準対象施設の使用の方法、汚水又は廃液の処理の方法並びに排出水の汚染状態及び量、法第12条第２項の環境省令で定める事項（水質基準対象施設に係るものに限る。）並びに水質基準対象施設の事故の状況及び事故時の措置について報告を求めることができる。

③　環境大臣又は都道府県知事は、法第34条第１項の規定により、その職員に、大気基準適用施設を設置する工場又は事業場に立ち入り、大気基準適用施設及び排出ガスの処理施設並びにこれらの関連施設、大気基準適用施設において使用する燃料及び原料並びに関係帳簿書類を検査させることができる。

④　環境大臣又は都道府県知事は、法第34条第１項の規定により、その職員に、水質基準適用事業場に立ち入り、水質基準対象施設及び汚水又は廃液の処理施設並びにこれらの関連施設、水質基準対象施設において使用する原料、当該水質基準適用事業場の敷地内の土壌及び地下水並びに関係帳簿書類を検査させることができる。

（政令で定める市の長による事務の処理）

**第８条**　法に規定する都道府県知事の権限に属する事務のうち、次に掲げるものは、地方自治法（昭和22年法律第67号）第252条の19第１項の指定都市の長及び同法第252条の22第１項の中核市の長（以下この条において「指定都市の長等」という。）が行うこととする。この場合においては、法及びこの政令中次に掲げる事務に係る都道府県知事に関する規定は、指定都市の長等に関する規定として指定都市の長等に適用があるものとする。

1　法第12条第１項、第13条第１項及び第２項、第14条第１項、第18条並びに第19条第３項の規定による届出の受理に関する事務

2　法第15条、第16条、第22条第１項及び第３項並びに第23条第３項の規定による命令に関する事務

3　法第17条第２項の規定による同条第１項の期間の短縮に関する事務

4　法第23条第２項の規定による通報の受理に関する事務

5　法第23条第４項及び第26条第２項の規定による報告に関する事務

6　法第26条第１項の規定による常時監視に関する事務

7　法第27条第１項の規定による調査測定、同条第２項の規定により送付された結果の受理、同条第３項の規定による調査測定の結果の公表並びに同条第４項の規定による調査測定及び無償集取に関する事務

8　法第28条第３項の規定による報告の受理及び同条第４項の規定による測定の結果の公表に関する事務

9　法第34条第１項の規定による報告の徴収及び立入検査に関する事務

10　法第35条第２項及び第４項の規定による通知の受理に関する事務

11　法第35条第３項の規定による要請に関する事務

12　法第35条第５項の規定による協議に関する事務

13　法第36条第２項の規定による協力を求め、又は意見を述べることに関する事務

附　則

（施行期日）

**第１条**　この政令は、法の施行の日（平成12年１月15日）から施行する。ただし、第８条第５号（法第26条第２項に係る部分に限る。）の規定は、平成12年４月

1日から施行する。

**（経過措置）**

**第2条**　平成12年3月31日までの間は、第7条中「環境庁長官又は都道府県知事」とあるのは「都道府県知事」と、第8条第1項中「（以下この条において「指定都市の長等」という。）が行うこととする。この場合においては、法及びこの政令中次に掲げる事務に係る都道府県知事に関する規定は、指定都市の長等に関する規定として指定都市の長等に適用があるものとする」とあるのは「に委任する」とする。

（中略）

附　則（平成30年8月10日政令第241号）　抄

**（施行期日）**

1　この政令は、平成28年10月15日に採択されたオゾン層を破壊する物質に関するモントリオール議定書の改正が日本国について効力を生ずる日（編注・平成31年1月1日）から施行する。

## 別表第１（第１条関係）

１　焼結鉱（銑鉄の製造の用に供するものに限る。）の製造の用に供する焼結炉であって、原料の処理能力が１時間当たり１トン以上のもの

２　製鋼の用に供する電気炉（鋳鋼又は鍛鋼の製造の用に供するものを除く。）であって、変圧器の定格容量が1,000キロボルトアンペア以上のもの

３　亜鉛の回収（製鋼の用に供する電気炉から発生するばいじんであって、集じん機により集められたものからの亜鉛の回収に限る。）の用に供する焙焼炉、焼結炉、溶鉱炉、溶解炉及び乾燥炉であって、原料の処理能力が１時間当たり0.5トン以上のもの

４　アルミニウム合金の製造（原料としてアルミニウムくず（当該アルミニウム合金の製造を行う工場内のアルミニウムの圧延工程において生じたものを除く。）を使用するものに限る。）の用に供する焙焼炉、溶解炉及び乾燥炉であって、焙焼炉及び乾燥炉にあっては原料の処理能力が１時間当たり0.5トン以上のもの、溶解炉にあっては容量が１トン以上のもの

５　廃棄物焼却炉であって、火床面積（廃棄物の焼却施設に２以上の廃棄物焼却炉が設置されている場合にあっては、それらの火床面積の合計）が0.5平方メートル以上又は焼却能力（廃棄物の焼却施設に２以上の廃棄物焼却炉が設置されている場合にあっては、それらの焼却能力の合計）が１時間当たり50キログラム以上のもの

## 別表第２（第１条関係）

１　硫酸塩パルプ（クラフトパルプ）又は亜硫酸パルプ（サルファイトパルプ）の製造の用に供する塩素又は塩素化合物による漂白施設

２　カーバイド法アセチレンの製造の用に供するアセチレン洗浄施設

３　硫酸カリウムの製造の用に供する施設のうち、廃ガス洗浄施設

４　アルミナ繊維の製造の用に供する施設のうち、廃ガス洗浄施設

５　担体付き触媒の製造（塩素又は塩素化合物を使用するものに限る。）の用に供する焼成炉から発生するガスを処理する施設のうち、廃ガス洗浄施設

６　塩化ビニルモノマーの製造の用に供する二塩化エチレン洗浄施設

７　カプロラクタムの製造（塩化ニトロシルを使用するものに限る。）の用に供する施設のうち、次に掲げるもの

イ　硫酸濃縮施設
ロ　シクロヘキサン分離施設
ハ　廃ガス洗浄施設
8　クロロベンゼン又はジクロロベンゼンの製造の用に供する施設のうち、次に掲げるもの
イ　水洗施設
ロ　廃ガス洗浄施設
9　4-クロロフタル酸水素ナトリウムの製造の用に供する施設のうち、次に掲げるもの
イ　ろ過施設
ロ　乾燥施設
ハ　廃ガス洗浄施設
10　2・3-ジクロロ-1・4-ナフトキノンの製造の用に供する施設のうち、次に掲げるもの
イ　ろ過施設
ロ　廃ガス洗浄施設
11　8・18-ジクロロ-5・15-ジエチル-5・15-ジヒドロジインドロ［3・2-b：3′・2′-m］トリフェノジオキサジン（別名ジオキサジンバイオレット。ハにおいて単に「ジオキサジンバイオレット」という。）の製造の用に供する施設のうち、次に掲げるもの
イ　ニトロ化誘導体分離施設及び還元誘導体分離施設
ロ　ニトロ化誘導体洗浄施設及び還元誘導体洗浄施設
ハ　ジオキサジンバイオレット洗浄施設
ニ　熱風乾燥施設
12　アルミニウム又はその合金の製造の用に供する焙焼炉、溶解炉又は乾燥炉から発生するガスを処理する施設のうち、次に掲げるもの
イ　廃ガス洗浄施設
ロ　湿式集じん施設
13　亜鉛の回収（製鋼の用に供する電気炉から発生するばいじんであって、集じん機により集められたものからの亜鉛の回収に限る。）の用に供する施設のうち、次に掲げるもの

イ　精製施設

ロ　廃ガス洗浄施設

ハ　湿式集じん施設

14　担体付き触媒（使用済みのものに限る。）からの金属の回収（ソーダ灰を添加して焙焼炉で処理する方法及びアルカリにより抽出する方法（焙焼炉で処理しないものに限る。）によるものを除く。）の用に供する施設のうち、次に掲げるもの

イ　ろ過施設

ロ　精製施設

ハ　廃ガス洗浄施設

15　別表第1第5号に掲げる廃棄物焼却炉から発生するガスを処理する施設のうち次に掲げるもの及び当該廃棄物焼却炉において生ずる灰の貯留施設であって汚水又は廃液を排出するもの

イ　廃ガス洗浄施設

ロ　湿式集じん施設

16　廃棄物の処理及び清掃に関する法律施行令（昭和46年政令第300号）第7条第12号の2及び第13号に掲げる施設

17　フロン類（特定物質等の規制等によるオゾン層の保護に関する法律施行令（平成6年政令第308号）別表1の1の項、3の項及び6の項に掲げる特定物質をいう。）の破壊（プラズマを用いて破壊する方法その他環境省令で定める方法によるものに限る。）の用に供する施設のうち、次に掲げるもの

イ　プラズマ反応施設

ロ　廃ガス洗浄施設

ハ　湿式集じん施設

18　下水道終末処理施設（第1号から前号まで及び次号に掲げる施設に係る汚水又は廃液を含む下水を処理するものに限る。）

19　第1号から第17号までに掲げる施設を設置する工場又は事業場から排出される水（第1号から第17号までに掲げる施設に係る汚水若しくは廃液又は当該汚水若しくは廃液を処理したものを含むものに限り、公共用水域に排出されるものを除く。）の処理施設（前号に掲げるものを除く。）

## 【資料　8】

# 防じんマスク、防毒マスク及び電動ファン付き呼吸用保護具の選択、使用等について

（令和5年5月25日
基発0525第3号）

標記について、これまで防じんマスク、防毒マスク等の呼吸用保護具を使用する労働者の健康障害を防止するため、「防じんマスクの選択、使用等について」（平成17年2月7日付け基発第0207006号。以下「防じんマスク通達」という。）及び「防毒マスクの選択、使用等について」（平成17年2月7日付け基発第0207007号。以下「防毒マスク通達」という。）により、その適切な選択、使用、保守管理等に当たって留意すべき事項を示してきたところである。

今般、労働安全衛生規則等の一部を改正する省令（令和4年厚生労働省令第91号。以下「改正省令」という。）等により、新たな化学物質管理が導入されたことに伴い、呼吸用保護具の選択、使用等に当たっての留意事項を下記のとおり定めたので、関係事業場に対して周知を図るとともに、事業場の指導に当たって遺漏なきを期されたい。

なお、防じんマスク通達及び防毒マスク通達は、本通達をもって廃止する。

記

### 第1　共通事項

#### 1　趣旨等

改正省令による改正後の労働安全衛生規則（昭和47年労働省令第32号。以下「安衛則」という。）第577条の2第1項において、事業者に対し、リスクアセスメントの結果等に基づき、代替物の使用、発散源を密閉する設備、局所排気装置又は全体換気装置の設置及び稼働、作業の方法の改善、有効な呼吸用保護具を使用させること等必要な措置を講ずることにより、リスクアセ

スメント対象物に労働者がばく露される程度を最小限度にすることが義務付けられた。さらに、同条第2項において、厚生労働大臣が定めるものを製造し、又は取り扱う業務を行う屋内作業場においては、労働者がこれらの物にばく露される程度を、厚生労働大臣が定める濃度の基準（以下「濃度基準値」という。）以下とすることが事業者に義務付けられた。

これらを踏まえ、化学物質による健康障害防止のための濃度の基準の適用等に関する技術上の指針（令和5年4月27日付け技術上の指針第24号。以下「技術上の指針」という。）が定められ、化学物質等による危険性又は有害性等の調査等に関する指針（平成27年9月18日付け危険性又は有害性等の調査等に関する指針公示第3号。以下「化学物質リスクアセスメント指針」という。）と相まって、リスクアセスメント及びその結果に基づく必要な措置のために実施すべき事項が規定されている。

本指針は、化学物質リスクアセスメント指針及び技術上の指針で定めるリスク低減措置として呼吸用保護具を使用する場合に、その適切な選択、使用、保守管理等に当たって留意すべき事項を示したものである。

## 2 基本的考え方

(1) 事業者は、化学物質リスクアセスメント指針に規定されているように、危険性又は有害性の低い物質への代替、工学的対策、管理的対策、有効な保護具の使用という優先順位に従い、対策を検討し、労働者のばく露の程度を濃度基準値以下とすることを含めたリスク低減措置を実施すること。その際、保護具については、適切に選択され、使用されなければ効果を発揮しないことを踏まえ、本質安全化、工学的対策等の信頼性と比較し、最も低い優先順位が設定されていることに留意すること。

(2) 事業者は、労働者の呼吸域における物質の濃度が、保護具の使用を除くリスク低減措置を講じてもなお、当該物質の濃度基準値を超えること等、リスクが高い場合、有効な呼吸用保護具を選択し、労働者に適切に使用させること。その際、事業者は、呼吸用保護具の選択及び使用が適切に実施されなければ、所期の性能が発揮されないことに留意し、呼吸用保護具が適切に選択及び使用されているかの確認を行うこと。

## 3　管理体制等

(1)　事業者は、リスクアセスメントの結果に基づく措置として、労働者に呼吸用保護具を使用させるときは、保護具に関して必要な教育を受けた保護具着用管理責任者（安衛則第12条の６第１項に規定する保護具着用管理責任者をいう。以下同じ。）を選任し、次に掲げる事項を管理させなければならないこと。

ア　呼吸用保護具の適正な選択に関すること

イ　労働者の呼吸用保護具の適正な使用に関すること

ウ　呼吸用保護具の保守管理に関すること

エ　改正省令による改正後の特定化学物質障害予防規則（昭和47年労働省令第39号。以下「特化則」という。）第36条の３の２第４項等で規定する第３管理区分に区分された場所（以下「第３管理区分場所」という。）における、同項第１号及び第２号並びに同条第５項第１号から第３号までに掲げる措置のうち、呼吸用保護具に関すること

オ　第３管理区分場所における特定化学物質作業主任者の職務（呼吸用保護具に関する事項に限る。）について必要な指導を行うこと

(2)　事業者は、化学物質管理者の管理の下、保護具着用管理責任者に、呼吸用保護具を着用する労働者に対して、作業環境中の有害物質の種類、発散状況、濃度、作業時のばく露の危険性の程度等について教育を行わせること。また、事業者は、保護具着用管理責任者に、各労働者が着用する呼吸用保護具の取扱説明書、ガイドブック、パンフレット等（以下「取扱説明書等」という。）に基づき、適正な装着方法、使用方法及び顔面と面体の密着性の確認方法について十分な教育や訓練を行わせること。

(3)　事業者は、保護具着用管理責任者に、安衛則第577条の２第11項に基づく有害物質のばく露の状況の記録を把握させ、ばく露の状況を踏まえた呼吸用保護具の適正な保守管理を行わせること。

## 4　呼吸用保護具の選択

(1)　呼吸用保護具の種類の選択

ア　事業者は、あらかじめ作業場所に酸素欠乏のおそれがないことを労働者等に確認させること。酸素欠乏又はそのおそれがある場所及び有害物質の

濃度が不明な場所ではろ過式呼吸用保護具を使用させてはならないこと。酸素欠乏のおそれがある場所では、日本産業規格 T 8150「呼吸用保護具の選択、使用及び保守管理方法」（以下「JIS T 8150」という。）を参照し、指定防護係数が1000以上の全面形面体を有する、別表２及び別表３に記載している循環式呼吸器、空気呼吸器、エアラインマスク及びホースマスク（以下「給気式呼吸用保護具」という。）の中から有効なものを選択すること。

イ　防じんマスク及び防じん機能を有する電動ファン付き呼吸用保護具（以下「P-PAPR」という。）は、酸素濃度18%以上の場所であっても、有害なガス及び蒸気（以下「有毒ガス等」という。）が存在する場所においては使用しないこと。このような場所では、防毒マスク、防毒機能を有する電動ファン付き呼吸用保護具（以下「G-PAPR」という。）又は給気式呼吸用保護具を使用すること。粉じん作業であっても、他の作業の影響等によって有毒ガス等が流入するような場合には、改めて作業場の作業環境の評価を行い、適切な防じん機能を有する防毒マスク、防じん機能を有するG-PAPR又は給気式呼吸用保護具を使用すること。

ウ　安衛則第280条第１項において、引火性の物の蒸気又は可燃性ガスが爆発の危険のある濃度に達するおそれのある箇所において電気機械器具（電動機、変圧器、コード接続器、開閉器、分電盤、配電盤等電気を通ずる機械、器具その他の設備のうち配線及び移動電線以外のものをいう。以下同じ。）を使用するときは、当該蒸気又はガスに対しその種類及び爆発の危険のある濃度に達するおそれに応じた防爆性能を有する防爆構造電気機械器具でなければ使用してはならない旨規定されており、非防爆タイプの電動ファン付き呼吸用保護具を使用してはならないこと。また、引火性の物には、常温以下でも危険となる物があることに留意すること。

エ　安衛則第281条第１項又は第282条第１項において、それぞれ可燃性の粉じん（マグネシウム粉、アルミニウム粉等爆燃性の粉じんを除く。）又は爆燃性の粉じんが存在して爆発の危険のある濃度に達するおそれのある箇所及び爆発の危険のある場所で電気機械器具を使用するときは、当該粉じんに対し防爆性能を有する防爆構造電気機械器具でなければ使用してはならない旨規定されており、非防爆タイプの電動ファン付き呼吸用保護具を使用してはならないこと。

⑵　要求防護係数を上回る指定防護係数を有する呼吸用保護具の選択

ア　金属アーク等溶接作業を行う事業場においては、「金属アーク溶接等作業を継続して行う屋内作業場に係る溶接ヒュームの濃度の測定の方法等」（令和２年厚生労働省告示第286号。以下「アーク溶接告示」という。）で定める方法により、第３管理区分場所においては、「第３管理区分に区分された場所に係る有機溶剤等の濃度の測定の方法等」（令和４年厚生労働省告示第341号。以下「第３管理区分場所告示」という。）に定める方法により濃度の測定を行い、その結果に基づき算出された要求防護係数を上回る指定防護係数を有する呼吸用保護具を使用しなければならないこと。

イ　濃度基準値が設定されている物質については、技術上の指針の３から６に示した方法により測定した当該物質の濃度を用い、技術上の指針の７-３に定める方法により算出された要求防護係数を上回る指定防護係数を有する呼吸用保護具を選択すること。

ウ　濃度基準値又は管理濃度が設定されていない物質で、化学物質の評価機関によりばく露限界の設定がなされている物質については、原則として、技術上の指針の２－１⑶及び２－２に定めるリスクアセスメントのための測定を行い、技術上の指針の５－１⑵アで定める８時間時間加重平均値を８時間時間加重平均のばく露限界（TWA）と比較し、技術上の指針の５－１⑵イで定める15分間時間加重平均値を短時間ばく露限界値（STEL）と比較し、別紙１の計算式によって要求防護係数を求めること。

さらに、求めた要求防護係数と別表１から別表３までに記載された指定防護係数を比較し、要求防護係数より大きな値の指定防護係数を有する呼吸用保護具を選択すること。

エ　有害物質の濃度基準値やばく露限界に関する情報がない場合は、化学物質管理者、化学物質管理専門家をはじめ、労働衛生に関する専門家に相談し、適切な指定防護係数を有する呼吸用保護具を選択すること。

⑶　法令に保護具の種類が規定されている場合の留意事項

安衛則第592条の５、有機溶剤中毒予防規則（昭和47年労働省令第36号。以下「有機則」という。）第33条、鉛中毒予防規則（昭和47年労働省令第37号。以下「鉛則」という。）第58条、四アルキル鉛中毒予防規則（昭和47年労働省令第38号。以下「四アルキル鉛則」という。）第４条、特化則第38条の13及び第43条、電離放射線障害防止規則（昭和47年労働省令第41号。以下「電離則」という。）第38条並びに粉じん障害防止規則（昭和54年労働省令第18号。以下「粉じん則」という。）第27条のほか労働安全衛生法令に定める防じんマスク、防毒マスク、P-PAPR又はG-PAPRについては、法令に定める有効な性能を有するものを労働者に使用させなければならないこと。なお、法令上、呼吸用保護具のろ過材の種類等が指定されているものについては、別表５を参照すること。

なお、別表５中の金属のヒューム（溶接ヒュームを含む。）及び鉛については、化学物質としての有害性に着目した基準値により要求防護係数が算出されることとなるが、これら物質については、粉じんとしての有害性も配慮すべきことから、算出された要求防護係数の値にかかわらず、ろ過材の種類をRS2、RL2、DS2、DL2以上のものとしている趣旨であること。

(4)　呼吸用保護具の選択に当たって留意すべき事項

ア　事業者は、有害物質を直接取り扱う作業者について、作業環境中の有害物質の種類、作業内容、有害物質の発散状況、作業時のばく露の危険性の程度等を考慮した上で、必要に応じ呼吸用保護具を選択、使用等させること。

イ　事業者は、防護性能に関係する事項以外の要素（着用者、作業、作業強度、環境等）についても考慮して呼吸用保護具を選択させること。なお、呼吸用保護具を着用しての作業は、通常より身体に負荷がかかることから、着用者によっては、呼吸用保護具着用による心肺機能への影響、閉所恐怖症、面体との接触による皮膚炎、腰痛等の筋骨格系障害等を生ずる可能性がないか、産業医等に確認すること。

ウ　事業者は、保護具着用管理責任者に、呼吸用保護具の選択に際して、目の保護が必要な場合は、全面形面体又はルーズフィット形呼吸用インタフェースの使用が望ましいことに留意させること。

エ　事業者は、保護具着用管理責任者に、作業において、事前の計画どおりの呼吸用保護具が使用されているか、着用方法が適切か等について確認させること。

オ　作業者は、事業者、保護具着用管理責任者等から呼吸用保護具着用の指示が出たら、それに従うこと。また、作業中に臭気、息苦しさ等の異常を感じたら、速やかに作業を中止し避難するとともに、状況を保護具着用管理責任者等に報告すること。

### 5　呼吸用保護具の適切な装着

(1)　フィットテストの実施

金属アーク溶接等作業を行う作業場所においては、アーク溶接告示で定める方法により、第３管理区分場所においては、第３管理区分場所告示に定める方法により、１年以内ごとに１回、定期に、フィットテストを実施しなければならないこと。

上記以外の事業場であって、リスクアセスメントに基づくリスク低減措置として呼吸用保護具を労働者に使用させる事業場においては、技術上の指針の7－4及び次に定めるところにより、１年以内ごとに１回、フィットテストを行うこと。

ア　呼吸用保護具（面体を有するものに限る。）を使用する労働者について、JIS T 8150に定める方法又はこれと同等の方法により当該労働者の顔面と当該呼吸用保護具の面体との密着の程度を示す係数（以下「フィットファクタ」という。）を求め、当該フィットファクタが要求フィットファクタを上回っていることを確認する方法とすること。

イ　フィットファクタは、別紙２により計算するものとすること。

ウ　要求フィットファクタは、別表４に定めるところによること。

(2)　フィットテストの実施に当たっての留意事項

ア　フィットテストは、労働者によって使用される面体がその労働者の顔に密着するものであるか否かを評価する検査であり、労働者の顔に合った面体を選択するための方法（手順は、JIS T 8150を参照。）である。なお、顔との密着性を要求しないルーズフィット形呼吸用インタフェースは対象外である。面体を有する呼吸用保護具は、面体が労働者の顔に密着した状態を維持することによって初めて呼吸用保護具本来の性能が得られることから、フィットテストにより適切な面体を有する呼吸用保護具を選択することは重要であること。

イ　面体を有する呼吸用保護具については、着用する労働者の顔面と面体とが適切に密着していなければ、呼吸用保護具としての本来の性能が得られないこと。特に、着用者の吸気時に面体内圧が陰圧（すなわち、大気圧より低い状態）になる防じんマスク及び防毒マスクは、着用する労働者の顔面と面体とが適切に密着していない場合は、粉じんや有毒ガス等が面体の接顔部から面体内へ漏れ込むことになる。また、通常の着用状態であれば面体内圧が常に陽圧（すなわち、大気圧より高い状態）になる面体形の電動ファン付き呼吸用保護具であっても、着用する労働者の顔面と面体とが適切に密着していない場合は、多量の空気を使用することになり、連続稼働時間が短くなり、場合によっては本来の防護性能が得られない場合もある。

ウ　面体については、フィットテストによって、着用する労働者の顔面に合った形状及び寸法の接顔部を有するものを選択及び使用し、面体を着用した直後には、⑶に示す方法又はこれと同等以上の方法によってシールチェック（面体を有する呼吸用保護具を着用した労働者自身が呼吸用保護具の装着状態の密着性を調べる方法。以下同じ。）を行い、各着用者が顔面と面体とが適切に密着しているかを確認すること。

エ　着用者の顔面と面体とを適正に密着させるためには、着用時の面体の位置、しめひもの位置及び締め方等を適切にさせることが必要であり、特にしめひもについては、耳にかけることなく、後頭部において固定させることが必要であり、加えて、次の①、②、③のような着用を行わせないことに留意すること。

① 面体と顔の間にタオル等を挟んで使用すること。

② 着用者のひげ、もみあげ、前髪等が面体の接顔部と顔面の間に入り込む、排気弁の作動を妨害する等の状態で使用すること。

③ ヘルメットの上からしめひもを使用すること。

オ　フィットテストは、定期に実施するほか、面体を有する呼吸用保護具を選択するとき又は面体の密着性に影響すると思われる顔の変形（例えば、顔の手術などで皮膚にくぼみができる等）があったときに、実施することが望ましいこと。

カ　フィットテストは、個々の労働者と当該労働者が使用する面体又はこの面体と少なくとも接顔部の形状、サイズ及び材質が同じ面体との組合せで行うこと。合格した場合は、フィットテストと同じ型式、かつ、同じ寸法の面体を労働者に使用させ、不合格だった場合は、同じ型式であって寸法が異なる面体若しくは異なる型式の面体を選択すること又はルーズフィット形呼吸用インタフェースを有する呼吸用保護具を使用すること等について検討する必要があること。

(3) シールチェックの実施

シールチェックは、ろ過式呼吸用保護具（電動ファン付き呼吸用保護具については、面体形のみ）の取扱説明書に記載されている内容に従って行うこと。シールチェックの主な方法には、陰圧法と陽圧法があり、それぞれ次のとおりであること。なお、ア及びイに記載した方法とは別に、作業場等に備え付けた簡易機器等によって、簡易に密着性を確認する方法（例えば、大気じんを利用する機器、面体内圧の変動を調べる機器等）がある。

ア　陰圧法によるシールチェック

面体を顔面に押しつけないように、フィットチェッカー等を用いて吸気口をふさぐ（連結管を有する場合は、連結管の吸気口をふさぐ又は連結管を握って閉塞させる）。息をゆっくり吸って、面体の顔面部と顔面との間から空気が面体内に流入せず、面体が顔面に吸いつけられることを確認する。

イ　陽圧法によるシールチェック

面体を顔面に押しつけないように、フィットチェッカー等を用いて排気口をふさぐ。息を吐いて、空気が面体内から流出せず、面体内に呼気が滞留することによって面体が膨張することを確認する。

## 6　電動ファン付き呼吸用保護具の故障時等の措置

(1) 電動ファン付き呼吸用保護具に付属する警報装置が警報を発したら、速やかに安全な場所に移動すること。警報装置には、ろ過材の目詰まり、電池の消耗等による風量低下を警報するもの、電池の電圧低下を警報するもの、面体形のものにあっては、面体内圧が陰圧に近づいていること又は達したことを警報するもの等があること。警報装置が警報を発した場合は、新しいろ過材若しくは吸収缶又は充電された電池との交換を行うこと。

(2) 電動ファン付き呼吸用保護具が故障し、電動ファンが停止した場合は、速やかに退避すること。

## 第２　防じんマスク及びP-PAPRの選択及び使用に当たっての留意事項

### １　防じんマスク及びP-PAPRの選択

⑴　防じんマスク及びP-PAPRは、機械等検定規則（昭和47年労働省令第45号。以下「検定則」という。）第14条の規定に基づき付されている型式検定合格標章により、型式検定合格品であることを確認すること。なお、吸気補助具付き防じんマスクについては、検定則に定める型式検定合格標章に「補」が記載されている。

また、吸気補助具が分離できるもの等、２箇所に型式検定合格標章が付されている場合は、型式検定合格番号が同一となる組合せが適切な組合せであり、当該組合せで使用して初めて型式検定に合格した防じんマスクとして有効に機能するものであること。

⑵　安衛則第592条の５、鉛則第58条、特化則第43条、電離則第38条及び粉じん則第27条のほか労働安全衛生法令に定める呼吸用保護具のうちP-PAPRについては、粉じん等の種類及び作業内容に応じ、令和５年厚生労働省告示第88号による改正後の電動ファン付き呼吸用保護具の規格（平成26年厚生労働省告示第455号。以下「改正規格」という。）第２条第４項及び第５項のいずれかの区分に該当するものを使用すること。

⑶　防じんマスクを選択する際は、次の事項について留意の上、防じんマスクの性能等が記載されている取扱説明書等を参考に、それぞれの作業に適した防じんマスクを選択すること。

ア　粉じん等の有害性が高い場合又は高濃度ばく露のおそれがある場合は、できるだけ粒子捕集効率が高いものであること。

イ　粉じん等とオイルミストが混在する場合には、区分がＬタイプ（RL3、RL2、RL1、DL3、DL2及びDL1）の防じんマスクであること。

ウ　作業内容、作業強度等を考慮し、防じんマスクの重量、吸気抵抗、排気抵抗等が当該作業に適したものであること。特に、作業強度が高い場合にあっては、P-PAPR、送気マスク等、吸気抵抗及び排気抵抗の問題がない形式の呼吸用保護具の使用を検討すること。

⑷　P-PAPRを選択する際は、次の事項について留意の上、P-PAPRの性能が記載されている取扱説明書等を参考に、それぞれの作業に適したP-PAPRを選択すること。

ア　粉じん等の種類及び作業内容の区分並びにオイルミスト等の混在の有無の区分のうち、複数の性能のP-PAPRを使用することが可能（別表５参照）であっても、作業環境中の粉じん等の種類、作業内容、粉じん等の発散状況、作業時のばく露の危険性の程度等を考慮した上で、適切なものを選択すること。

イ　粉じん等とオイルミストが混在する場合には、区分がＬタイプ（PL3、PL2及びPL1）のろ過材を選択すること。

ウ　着用者の作業中の呼吸量に留意して、「大風量形」又は「通常風量形」を選択すること。

エ　粉じん等に対して有効な防護性能を有するものの範囲で、作業内容を考慮して、呼吸用インタフェース（全面形面体、半面形面体、フード又はフェイスシールド）について適するものを選択すること。

## 2　防じんマスク及びP-PAPRの使用

⑴　ろ過材の交換時期については、次の事項に留意すること。

ア　ろ過材を有効に使用できる時間は、作業環境中の粉じん等の種類、粒径、発散状況、濃度等の影響を受けるため、これらの要因を考慮して設定する必要があること。なお、吸気抵抗上昇値が高いものほど目詰まりが早く、短時間で息苦しくなる場合があるので、作業時間を考慮すること。

イ　防じんマスク又はP-PAPRの使用中に息苦しさを感じた場合には、ろ過材を交換すること。オイルミストを捕集した場合は、固体粒子の場合とは異なり、ほとんど吸気抵抗上昇がない。ろ過材の種類によっては、多量のオイルミストを捕集すると、粒子捕集効率が低下するものもあるので、製造者の情報に基づいてろ過材の交換時期を設定すること。

ウ　砒（ひ）素、クロム等の有害性が高い粉じん等に対して使用したろ過材は、１回使用するごとに廃棄すること。また、石綿、インジウム等を取り扱う作業で使用したろ過材は、そのまま作業場から持ち出すことが禁止されているので、１回使用するごとに廃棄すること。

エ　使い捨て式防じんマスクにあっては、当該マスクに表示されている使用限度時間に達する前であっても、息苦しさを感じる場合、又は著しい型くずれを生じた場合には、これを廃棄し、新しいものと交換すること。

(2) 粉じん則第27条では、ずい道工事における呼吸用保護具の使用が義務付けられている作業が決められており、P-PAPRの使用が想定される場合もある。しかし、「雷管取扱作業」を含む坑内作業でのP-PAPRの使用は、漏電等による爆発の危険がある。このような場合は爆発を防止するために防じんマスクを使用する必要があるが、面体形のP-PAPRは電動ファンが停止しても防じんマスクと同等以上の防じん機能を有することから、「雷管取扱作業」を開始する前に安全な場所で電池を取り外すことで、使用しても差し支えないこと（平成26年11月28日付け基発1128第12号「電動ファン付き呼吸用保護具の規格の適用等について」）とされていること。

## 第3　防毒マスク及びG-PAPRの選択及び使用に当たっての留意事項

### 1　防毒マスク及びG-PAPRの選択及び使用

(1) 防毒マスクは、検定則第14条の規定に基づき、吸収缶（ハロゲンガス用、有機ガス用、一酸化炭素用、アンモニア用及び亜硫酸ガス用のものに限る。）及び面体ごとに付されている型式検定合格標章により、型式検定合格品であることを確認すること。この場合、吸収缶と面体に付される型式検定合格標章は、型式検定合格番号が同一となる組合せが適切な組合せであり、当該組合せで使用して初めて型式検定に合格した防毒マスクとして有効に機能するものであること。ただし、吸収缶については、単独で型式検定を受けることが認められているため、型式検定合格番号が異なっている場合があるため、製品に添付されている取扱説明書により、使用できる組合せであることを確認すること。

なお、ハロゲンガス、有機ガス、一酸化炭素、アンモニア及び亜硫酸ガス以外の有毒ガス等に対しては、当該有毒ガス等に対して有効な吸収缶を使用すること。なお、これらの吸収缶を使用する際は、日本産業規格 T 8152「防毒マスク」に基づいた吸収缶を使用すること又は防毒マスクの製造者、販売業者又は輸入業者（以下「製造者等」という。）に問い合わせること等により、適切な吸収缶を選択する必要があること。

(2) G-PAPR は、令和５年厚生労働省令第29号による改正後の検定則第14条の規定に基づき、電動ファン、吸収缶（ハロゲンガス用、有機ガス用、アンモニア用及び亜硫酸ガス用のものに限る。）及び面体ごとに付されている型式検定合格標章により、型式検定合格品であることを確認すること。この場合、電動ファン、吸収缶及び面体に付される型式検定合格標章は、型式検定合格番号が同一となる組合せが適切な組合せであり、当該組合せで使用して初めて型式検定に合格したG-PAPRとして有効に機能するものであること。

なお、ハロゲンガス、有機ガス、アンモニア及び亜硫酸ガス以外の有毒ガス等に対しては、当該有毒ガス等に対して有効な吸収缶を使用すること。なお、これらの吸収缶を使用する際は、日本産業規格 T 8154「有毒ガス用電動ファン付き呼吸用保護具」に基づいた吸収缶を使用する又はG-PAPRの製造者等に問い合わせるなどにより、適切な吸収缶を選択する必要があること。

(3) 有機則第33条、四アルキル鉛則第２条、特化則第38条の13第１項のほか労働安全衛生法令に定める呼吸用保護具のうちG-PAPRについては、粉じん又は有毒ガス等の種類及び作業内容に応じ、改正規格第２条第１項表中の面体形又はルーズフィット形を使用すること。

(4) 防毒マスク及びG-PAPRを選択する際は、次の事項について留意の上、防毒マスクの性能が記載されている取扱説明書等を参考に、それぞれの作業に適した防毒マスク及びG-PAPR を選択すること。

ア　作業環境中の有害物質（防毒マスクの規格（平成２年労働省告示第68号）第１条の表下欄及び改正規格第１条の表下欄に掲げる有害物質をいう。）の種類、濃度及び粉じん等の有無に応じて、面体及び吸収缶の種類を選ぶこと。

イ　作業内容、作業強度等を考慮し、防毒マスクの重量、吸気抵抗、排気抵抗等が当該作業に適したものを選ぶこと。

ウ　防じんマスクの使用が義務付けられている業務であっても、近くで有毒ガス等の発生する作業等の影響によって、有毒ガス等が混在する場合には、改めて作業環境の評価を行い、有効な防じん機能を有する防毒マスク、防じん機能を有するG-PAPR又は給気式呼吸用保護具を使用すること。

エ　吹付け塗装作業等のように、有機溶剤の蒸気と塗料の粒子等の粉じんとが混在している場合については、有効な防じん機能を有する防毒マスク、防じん機能を有するG-PAPR 又は給気式呼吸用保護具を使用すること。

オ　有毒ガス等に対して有効な防護性能を有するものの範囲で、作業内容について、呼吸用インタフェース（全面形面体、半面形面体、フード又はフェイスシールド）について適するものを選択すること。

⑸　防毒マスク及びG-PAPRの吸収缶等の選択に当たっては、次に掲げる事項に留意すること。

ア　要求防護係数より大きい指定防護係数を有する防毒マスクがない場合は、必要な指定防護係数を有するG-PAPR又は給気式呼吸用保護具を選択すること。

　また、対応する吸収缶の種類がない場合は、第１の４⑴の要求防護係数より高い指定防護係数を有する給気式呼吸用保護具を選択すること。

イ　防毒マスクの規格第２条及び改正規格第２条で規定する使用の範囲内で選択すること。ただし、この濃度は、吸収缶の性能に基づくものであるので、防毒マスク及びG-PAPRとして有効に使用できる濃度は、これより低くなることがあること。

ウ　有毒ガス等と粉じん等が混在する場合は、第２に記載した防じんマスク及びP-PAPRの種類の選択と同様の手順で、有毒ガス等及び粉じん等に適した面体の種類及びろ過材の種類を選択すること。

エ　作業環境中の有毒ガス等の濃度に対して除毒能力に十分な余裕のあるものであること。なお、除毒能力の高低の判断方法としては、防毒マスク、G-PAPR、防毒マスクの吸収缶及びG-PAPRの吸収缶に添付されている破過曲線図から、一定のガス濃度に対する破過時間（吸収缶が除毒能力を喪失するまでの時間。以下同じ。）の長短を比較する方法があること。

　例えば、次の図に示す吸収缶A及び吸収缶Bの破過曲線図では、ガス濃度0.04%の場合を比べると、破過時間は吸収缶Aが200分、吸収缶Bが300分となり、吸収缶Aに比べて吸収缶Bの除毒能力が高いことがわかること。

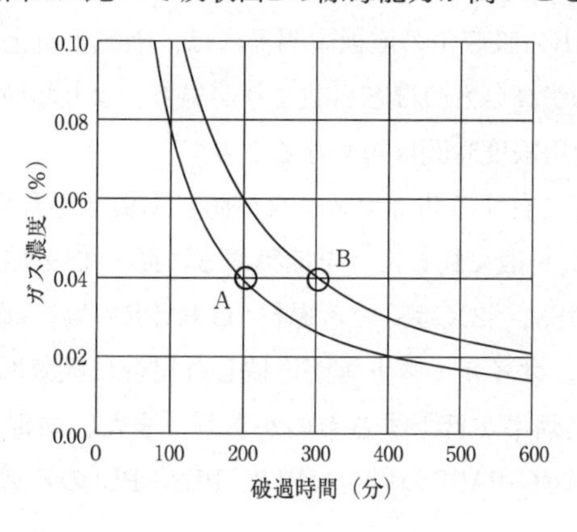

オ　有機ガス用防毒マスク及び有機ガス用G-PAPRの吸収缶は、有機ガスの種類により防毒マスクの規格第７条及び改正規格第７条に規定される除毒能力試験の試験用ガス（シクロヘキサン）と異なる破過時間を示すので、対象物質の破過時間について製造者に問い合わせること。

カ　メタノール、ジクロロメタン、二硫化炭素、アセトン等に対する破過時間は、防毒マスクの規格第７条及び改正規格第７条に規定される除毒能力試験の試験用ガスによる破過時間と比べて著しく短くなるので注意すること。この場合、使用時間の管理を徹底するか、対象物質に適した専用吸収缶について製造者に問い合わせること。

(6)　有毒ガス等が粉じん等と混在している作業環境中では、粉じん等を捕集する防じん機能を有する防毒マスク又は防じん機能を有するG-PAPRを選択すること。その際、次の事項について留意すること。

ア　防じん機能を有する防毒マスク及びG-PAPRの吸収缶は、作業環境中の粉じん等の種類、発散状況、作業時のばく露の危険性の程度等を考慮した上で、適切な区分のものを選ぶこと。なお、作業環境中に粉じん等に混じってオイルミスト等が存在する場合にあっては、試験粒子にフタル酸ジオクチルを用いた粒子捕集効率試験に合格した防じん機能を有する防毒マスク（L3、L2、L1）又は防じん機能を有するG-PAPR（PL3、PL2、PL1）を選ぶこと。また、粒子捕集効率が高いほど、粉じん等をよく捕集できること。

イ　吸収缶の破過時間に加え、捕集する作業環境中の粉じん等の種類、粒径、発散状況及び濃度が使用限度時間に影響するので、これらの要因を考慮して選択すること。なお、防じん機能を有する防毒マスク及び防じん機能を有するG-PAPRの吸収缶の取扱説明書には、吸気抵抗上昇値が記載されているが、これが高いものほど目詰まりが早く、より短時間で息苦しくなることから、使用限度時間は短くなること。

ウ　防じん機能を有する防毒マスク及び防じん機能を有するG-PAPRの吸収缶のろ過材は、一般に粉じん等を捕集するに従って吸気抵抗が高くなるが、防毒マスクのS3、S2又はS1のろ過材（G-PAPRの場合はPL3、PL2、PL1のろ過材）では、オイルミスト等が堆積した場合に吸気抵抗が変化せずに急激に粒子捕集効率が低下するものがあり、また、防毒マスクのL3、L2又はL1のろ過材（G-PAPRの場合はPL3、PL2、PL1のろ過材）では、多量のオイルミスト等の堆積により粒子捕集効率が低下するものがあるので、吸気抵抗の上昇のみを使用限度の判断基準にしないこと。

(7)　２種類以上の有毒ガス等が混在する作業環境中で防毒マスク又はG-PAPRを選択及び使用する場合には、次の事項について留意すること。

①　作業環境中に混在する２種類以上の有毒ガス等についてそれぞれ合格した吸収缶を選定すること。

②　この場合の吸収缶の破過時間は、当該吸収缶の製造者等に問い合わせること。

## 2　防毒マスク及びG-PAPRの吸収缶

(1)　防毒マスク又はG-PAPRの吸収缶の使用時間については、次の事項に留意すること。

ア　防毒マスク又はG-PAPRの使用時間について、当該防毒マスク又はG-PAPRの取扱説明書等及び破過曲線図、製造者等への照会結果等に基づいて、作業場所における空気中に存在する有毒ガス等の濃度並びに作業場所における温度及び湿度に対して余裕のある使用限度時間をあらかじめ設定し、その設定時間を限度に防毒マスク又はG-PAPRを使用すること。

　使用する環境の温度又は湿度によっては、吸収缶の破過時間が短くなる場合があること。例えば、有機ガス用防毒マスクの吸収缶及び有機ガス用G-PAPRの吸収缶は、使用する環境の温度又は湿度が高いほど破過時間が短くなる傾向があり、沸点の低い物質ほど、その傾向が顕著であること。また、一酸化炭素用防毒マスクの吸収缶は、使用する環境の湿度が高いほど破過時間が短くなる傾向にあること。

イ　防毒マスク、G-PAPR、防毒マスクの吸収缶及びG-PAPRの吸収缶に添付されている使用時間記録カード等に、使用した時間を必ず記録し、使用限度時間を超えて使用しないこと。

ウ　着用者の感覚では、有毒ガス等の危険性を感知できないおそれがあるので、吸収缶の破過を知るために、有毒ガス等の臭いに頼るのは、適切ではないこと。

エ　防毒マスク又はG-PAPRの使用中に有毒ガス等の臭気等の異常を感知した場合は、速やかに作業を中止し避難するとともに、状況を保護具着用管理責任者等に報告すること。

オ　一度使用した吸収缶は、破過曲線図、使用時間記録カード等により、十分な除毒能力が残存していることを確認できるものについてのみ、再使用しても差し支えないこと。ただし、メタノール、二硫化炭素等破過時間が試験用ガスの破過時間よりも著しく短い有毒ガス等に対して使用した吸収缶は、吸収缶の吸収剤に吸着された有毒ガス等が時間とともに吸収剤から微量ずつ脱着して面体側に漏れ出してくることがあるため、再使用しないこと。

## 第４　呼吸用保護具の保守管理上の留意事項

### １　呼吸用保護具の保守管理

⑴　事業者は、ろ過式呼吸用保護具の保守管理について、取扱説明書に従って適切に行わせるほか、交換用の部品（ろ過材、吸収缶、電池等）を常時備え付け、適時交換できるようにすること。

⑵　事業者は、呼吸用保護具を常に有効かつ清潔に使用するため、使用前に次の点検を行うこと。

ア　吸気弁、面体、排気弁、しめひも等に破損、亀裂又は著しい変形がないこと。

イ　吸気弁及び排気弁は、弁及び弁座の組合せによって機能するものであることから、これらに粉じん等が付着すると機能が低下することに留意すること。なお、排気弁に粉じん等が付着している場合には、相当の漏れ込みが考えられるので、弁及び弁座を清掃するか、弁を交換すること。

ウ　弁は、弁座に適切に固定されていること。また、排気弁については、密閉状態が保たれていること。

エ　ろ過材及び吸収缶が適切に取り付けられていること。

オ　ろ過材及び吸収缶に水が侵入したり、破損（穴あき等）又は変形がないこと。

カ　ろ過材及び吸収缶から異臭が出ていないこと。

キ　ろ過材が分離できる吸収缶にあっては、ろ過材が適切に取り付けられていること。

ク　未使用の吸収缶にあっては、製造者が指定する保存期限を超えていないこと。また、包装が破損せず気密性が保たれていること。

(3) ろ過式呼吸用保護具を常に有効かつ清潔に保持するため、使用後は粉じん等及び湿気の少ない場所で、次の点検を行うこと。

ア ろ過式呼吸用保護具の破損、亀裂、変形等の状況を点検し、必要に応じ交換すること。

イ ろ過式呼吸用保護具及びその部品（吸気弁、面体、排気弁、しめひも等）の表面に付着した粉じん、汗、汚れ等を乾燥した布片又は軽く水で湿らせた布片で取り除くこと。なお、著しい汚れがある場合の洗浄方法、電気部品を含む箇所の洗浄の可否等については、製造者の取扱説明書に従うこと。

ウ ろ過材の使用に当たっては、次に掲げる事項に留意すること。

① ろ過材に付着した粉じん等を取り除くために、圧搾空気等を吹きかけたり、ろ過材をたたいたりする行為は、ろ過材を破損させるほか、粉じん等を再飛散させることとなるので行わないこと。

② 取扱説明書等に、ろ過材を再使用すること（水洗いして再使用することを含む。）ができる旨が記載されている場合は、再使用する前に粒子捕集効率及び吸気抵抗が当該製品の規格値を満たしていることを、測定装置を用いて確認すること。

(4) 吸収缶に充填されている活性炭等は吸湿又は乾燥により能力が低下するものが多いため、使用直前まで開封しないこと。また、使用後は上栓及び下栓を閉めて保管すること。栓がないものにあっては、密封できる容器又は袋に入れて保管すること。

(5) 電動ファン付き呼吸用保護具の保守点検に当たっては、次に掲げる事項に留意すること。

ア 使用前に電動ファンの送風量を確認することが指定されている電動ファン付き呼吸用保護具は、製造者が指定する方法によって使用前に送風量を確認すること。

イ 電池の保守管理について、充電式の電池は、電圧警報装置が警報を発する等、製造者が指定する状態になったら、再充電すること。なお、充電式の電池は、繰り返し使用していると使用時間が短くなることを踏まえて、電池の管理を行うこと。

(6) 点検時に次のいずれかに該当する場合には、ろ過式呼吸用保護具の部品を交換し、又はろ過式呼吸用保護具を廃棄すること。

ア　ろ過材については、破損した場合、穴が開いた場合、著しい変形を生じた場合又はあらかじめ設定した使用限度時間に達した場合。

イ　吸収缶については、破損した場合、著しい変形が生じた場合又はあらかじめ設定した使用限度時間に達した場合。

ウ　呼吸用インタフェース、吸気弁、排気弁等については、破損、亀裂若しくは著しい変形を生じた場合又は粘着性が認められた場合。

エ　しめひもについては、破損した場合又は弾性が失われ、伸縮不良の状態が認められた場合。

オ　電動ファン（又は吸気補助具）本体及びその部品（連結管等）については、破損、亀裂又は著しい変形を生じた場合。

カ　充電式の電池については、損傷を負った場合若しくは充電後においても極端に使用時間が短くなった場合又は充電ができなくなった場合。

⑺　点検後、直射日光の当たらない、湿気の少ない清潔な場所に専用の保管場所を設け、管理状況が容易に確認できるように保管すること。保管の際、呼吸用インタフェース、連結管、しめひも等は、積み重ね、折り曲げ等によって、亀裂、変形等の異常を生じないようにすること。

⑻　使用済みのろ過材、吸収缶及び使い捨て式防じんマスクは、付着した粉じんや有毒ガス等が再飛散しないように容器又は袋に詰めた状態で廃棄すること。

## 第５　製造者等が留意する事項

略

## 別紙１　要求防護係数の求め方

要求防護係数の求め方は、次による。

測定の結果得られた化学物質の濃度がCで、化学物質の濃度基準値（有害物質のばく露限界濃度を含む）が$C_0$であるときの要求防護係数（PFr）は、式(1)によって算出される。

$$PFr = \frac{C}{C_0} \cdots\cdots\cdots\cdots\cdots\cdots \quad (1)$$

複数の有害物質が存在する場合で、これらの物質による人体への影響（例えば、ある器官に与える毒性が同じか否か）が不明な場合は、労働衛生に関する専門家に相談すること。

## 別紙２　フィットファクタの求め方

フィットファクタは、次の式により計算するものとする。

呼吸用保護具の外側の測定対象物の濃度が$C_{out}$で、呼吸用保護具の内側の測定対象物の濃度が$C_{in}$であるときのフィットファクタ（FF）は式(2)によって算出される。

$$FF = \frac{C_{out}}{C_{in}} \cdots\cdots\cdots\cdots\cdots\cdots \quad (2)$$

## 別表１　ろ過式呼吸用保護具の指定防護係数

| 当該呼吸用保護具の種類 | | | | | 指定防護係数 |
|---|---|---|---|---|---|
| 防じんマスク | 取替え式 | 全面形面体 | RS3又はRL3 | | 50 |
| | | | RS2又はRL2 | | 14 |
| | | | RS1又はRL1 | | 4 |
| | | 半面形面体 | RS3又はRL3 | | 10 |
| | | | RS2又はRL2 | | 10 |
| | | | RS1又はRL1 | | 4 |
| | 使い捨て式 | | DS3又はDL3 | | 10 |
| | | | DS2又はDL2 | | 10 |
| | | | DS1又はDL1 | | 4 |
| 防毒マスク[a] | 全面形面体 | | | | 50 |
| | 半面形面体 | | | | 10 |
| 防じん機能を有する電動ファン付き呼吸用保護具（P-PAPR） | 面体形 | 全面形面体 | Ｓ級 | PS3又はPL3 | 1,000 |
| | | | Ａ級 | PS2又はPL2 | 90 |
| | | | Ａ級又はＢ級 | PS1又はPL1 | 19 |
| | | 半面形面体 | Ｓ級 | PS3又はPL3 | 50 |
| | | | Ａ級 | PS2又はPL2 | 33 |
| | | | Ａ級又はＢ級 | PS1又はPL1 | 14 |
| | ルーズフィット形 | フード又はフェイスシールド | Ｓ級 | PS1又はPL1 | 25 |
| | | | Ａ級 | PS3又はPL3 | 20 |
| | | | Ｓ級又はＡ級 | PS2又はPL2 | 20 |
| | | | Ｓ級、Ａ級又はＢ級 | PS1又はPL1 | 11 |
| 防毒機能を有する電動ファン付き呼吸用保護具（G-PAPR）[b] | 防じん機能を有しないもの | 面体形 | 全面形面体 | | 1,000 |
| | | | 半面形面体 | | 50 |
| | | ルーズフィット形 | フード又はフェイスシールド | | 25 |
| | 防じん機能を有するもの | 面体形 | 全面形面体 | PS3又はPL3 | 1,000 |
| | | | | PS2又はPL2 | 90 |
| | | | | PS1又はPL1 | 19 |
| | | | 半面形面体 | PS3又はPL3 | 50 |
| | | | | PS2又はPL2 | 33 |
| | | | | PS1又はPL1 | 14 |
| | | ルーズフィット形 | フード又はフェイスシールド | PS3又はPL3 | 25 |
| | | | | PS2又はPL2 | 20 |
| | | | | PS1又はPL1 | 11 |

注[a)] 防じん機能を有する防毒マスクの粉じん等に対する指定防護係数は、防じんマスクの指定防護係数を適用する。
有毒ガス等と粉じん等が混在する環境に対しては、それぞれにおいて有効とされるものについて、面体の種類が共通のものが選択の対象となる。

注[b)] 防毒機能を有する電動ファン付き呼吸用保護具の指定防護係数の適用は、次による。なお、有毒ガス等と粉じん等が混在する環境に対しては、①と②のそれぞれにおいて有効とされるものについて、呼吸用インタフェースの種類が共通のものが選択の対象となる。
① 有毒ガス等に対する場合：防じん機能を有しないものの欄に記載されている数値を適用。
② 粉じん等に対する場合：防じん機能を有するものの欄に記載されている数値を適用。

## 別表2　その他の呼吸用保護具の指定防護係数

| 呼吸用保護具の種類 | | | 指定防護係数 |
|---|---|---|---|
| 循環式呼吸器 | 全面形面体 | 圧縮酸素形かつ陽圧形 | 10,000 |
| | | 圧縮酸素形かつ陰圧形 | 50 |
| | | 酸素発生形 | 50 |
| | 半面形面体 | 圧縮酸素形かつ陽圧形 | 50 |
| | | 圧縮酸素形かつ陰圧形 | 10 |
| | | 酸素発生形 | 10 |
| 空気呼吸器 | 全面形面体 | プレッシャデマンド形 | 10,000 |
| | | デマンド形 | 50 |
| | 半面形面体 | プレッシャデマンド形 | 50 |
| | | デマンド形 | 10 |
| エアラインマスク | 全面形面体 | プレッシャデマンド形 | 1,000 |
| | | デマンド形 | 50 |
| | | 一定流量形 | 1,000 |
| | 半面形面体 | プレッシャデマンド形 | 50 |
| | | デマンド形 | 10 |
| | | 一定流量形 | 50 |
| | フード又はフェイスシールド | 一定流量形 | 25 |
| ホースマスク | 全面形面体 | 電動送風機形 | 1,000 |
| | | 手動送風機形又は肺力吸引形 | 50 |
| | 半面形面体 | 電動送風機形 | 50 |
| | | 手動送風機形又は肺力吸引形 | 10 |
| | フード又はフェイスシールド | 電動送風機形 | 25 |

## 別表３　高い指定防護係数で運用できる呼吸用保護具の種類の指定防護係数

| 呼吸用保護具の種類 | | | | 指定防護係数 |
|---|---|---|---|---|
| 防じん機能を有する電動ファン付き呼吸用保護具 | 半面形面体 | | S級かつPS3又はPL3 | 300 |
| | フード | | S級かつPS3又はPL3 | 1,000 |
| | フェイスシールド | | S級かつPS3又はPL3 | 300 |
| 防毒機能を有する電動ファン付き呼吸用保護具[a] | 防じん機能を有しないもの | 半面形面体 | | 300 |
| | | フード | | 1,000 |
| | | フェイスシールド | | 300 |
| | 防じん機能を有するもの | 半面形面体 | PS3又はPL3 | 300 |
| | | フード | PS3又はPL3 | 1,000 |
| | | フェイスシールド | PS3又はPL3 | 300 |
| フードを有するエアラインマスク | | | 一定流量形 | 1,000 |

注記　この表の指定防護係数は、JIS T 8150の附属書JCに従って該当する呼吸用保護具の防護係数を求め、この表に記載されている指定防護係数を上回ることを該当する呼吸用保護具の製造者が明らかにする書面が製品に添付されている場合に使用できる。

注[a]　防毒機能を有する電動ファン付き呼吸用保護具の指定防護係数の適用は、次による。なお、有毒ガス等と粉じん等が混在する環境に対しては、①と②のそれぞれにおいて有効とされるものについて、呼吸用インタフェースの種類が共通のものが選択の対象となる。

① 有毒ガス等に対する場合：防じん機能を有しないものの欄に記載されている数値を適用。

② 粉じん等に対する場合：防じん機能を有するものの欄に記載されている数値を適用。

## 別表４　要求フィットファクタ及び使用できるフィットテストの種類

| 面体の種類 | 要求フィットファクタ | フィットテストの種類 | |
|---|---|---|---|
| | | 定性的フィットテスト | 定量的フィットテスト |
| 全面形面体 | 500 | ― | ○ |
| 半面形面体 | 100 | ○ | ○ |

注記　半面形面体を用いて定性的フィットテストを行った結果が合格の場合、フィットファクタは100以上とみなす。

**別表5**　粉じん等の種類及び作業内容に応じて選択可能な防じんマスク及び防じん機能を有する電動ファン付き呼吸用保護具

| 粉じん等の種類及び作業内容 | オイルミストの有無 | 防じんマスク | | | 防じん機能を有する電動ファン付き呼吸用保護具 | | | |
|---|---|---|---|---|---|---|---|---|
| | | 種類 | 呼吸用インタフェースの種類 | ろ過材の種類 | 種類 | 呼吸用インタフェースの種類 | 漏れ率の区分 | ろ過材の種類 |
| ○安衛則第592条の5<br>廃棄物の焼却施設に係る作業で、ダイオキシン類の粉じんばく露のおそれのある作業において使用する防じんマスク及び防じん機能を有する電動ファン付き呼吸用保護具 | 混在しない | 取替え式 | 全面形面体 | RS3、RL3 | 面体形 | 全面形面体 | S級 | PS3、PL3 |
| | | | 半面形面体 | RS3、RL3 | | 半面形面体 | S級 | PS3、PL3 |
| | | | | | ルーズフィット形 | フード | S級 | PS3、PL3 |
| | | | | | | フェイスシールド | S級 | PS3、PL3 |
| | 混在する | 取替え式 | 全面形面体 | RL3 | 面体形 | 全面形面体 | S級 | PL3 |
| | | | 半面形面体 | RL3 | | 半面形面体 | S級 | PL3 |
| | | | | | ルーズフィット形 | フード | S級 | PL3 |
| | | | | | | フェイスシールド | S級 | PL3 |
| (略) | | | | | | | | |

## 【資料　9】

# 廃棄物焼却施設におけるダイオキシン類の濃度及び含有率測定について

（平成17年11月15日
基安化発第1115001号）

廃棄物焼却施設におけるダイオキシン類の濃度及び含有率測定については、労働安全衛生規則第592条の２、平成13年４月25日付け基発第401号の２「廃棄物焼却施設内作業におけるダイオキシン類ばく露防止対策について」の別添「廃棄物焼却施設内作業におけるダイオキシン類ばく露防止対策要綱」（以下「対策要綱」という。）第３の２の(2)、３の(3)に示されているところである。

一方、環境省において、生物検定法を用いた方法のうち精度が確保されているとして専門家が評価した方法については、公定法を補完するものとして、平成16年12月27日に「ダイオキシン類特別対策措置法施行規則」（以下「特措法施行規則」という。）が改正され、①焼却能力が2,000kg/h未満の施設の排出ガスの測定、②ばいじん及び焼却灰その他の燃え殻の測定においては、従来の公定法である高分解能ガスクロマトグラフ質量分析計による測定方法に加えて、生物検定法による簡易測定法（ダイオキシン類がアリール炭化水素受容体に結合することを利用した方法又はダイオキシン類を抗原とする抗原抗体反応を利用した方法であって、十分な精度を有するものとして環境大臣が定める方法）によることができることとされたところであり、具体的な方法が本年９月14日に環境大臣告示第92号により示されたところである。

今般、ダイオキシン類の濃度及び含有率測定について、下記のとおり扱うこととしたので、今後の指導等に当たり適切な対応を期すとともに、関係事業者等への周知を図られたい。

記

## 1　簡易測定法の扱いについて

(1)　空気中のダイオキシン類の濃度測定

空気中のダイオキシン類の濃度測定については、対策要綱において、管理区域を決定する際の濃度基準として2.5pg-TEQ/m$^3$とされているが、特措法施行規則においては2,000kg/h未満の施設における大気排出基準は5ng-TEQ/m$^3$（5,000pg-TEQ/m$^3$）と対策要綱に定める基準とは著しく異なること、また、それよりも大気排出基準の低い2,000kg/h以上の施設については特措法施行規則においても簡易測定法は適用されていないことから、空気中のダイオキシン類の濃度測定について、簡易測定法は認めないこととする。

(2)　付着物のダイオキシン類の含有率測定

付着物のダイオキシン類の含有率測定については、対策要綱において、管理区域を決定する際の濃度基準として3,000pg-TEQ/gとされている。

一方で、特措法施行規則におけるばいじん等の基準は3ng-TEQ/g（3,000pg-TEQ/g）であり、同じ基準であることから、付着物のダイオキシン類の含有率測定については簡易測定法を対策要綱第３の３の(3)の「国が行う精度管理指針等」に該当するものとして扱うものとする。

## 2　解体作業における測定について

(1)　空気中のダイオキシン類の測定

空気中のダイオキシン類の測定については、解体作業開始前、解体作業中に少なくとも各１回以上行うこととされているが、隣接する焼却炉等も含め、すべての運転を休止した後１年以上を経過した焼却施設については、過去１年以内に灰出し作業、定期補修作業等粉じんの発生を伴う作業が行われている場合を除き、解体作業前における空気中のダイオキシン類濃度は2.5pg-TEQ/m$^3$未満として取り扱って差し支えない。

(2)　付着物のダイオキシン類の含有率測定

付着物のダイオキシン類の含有率測定については、解体作業開始前に解体工事業者が行う必要があるが、原則として解体作業を開始する前６月以内に行うこととする。ただし、以下のいずれかの条件を満たせば、過去に施設管理者等により行われた測定結果を用いて差し支えないが、その場合においても解体工事業者が測定結果の妥当性（測定後に運転条件が変更されていないか等）、必要な対象物を網羅しているかどうか（対策要綱の第3の3の(3)のイの(イ)）等の判断を行い、必要に応じて追加の測定を行うこと。

ア　測定後に運転が行われていない場合

イ　解体作業開始前1年以内に定期補修作業等において行われた測定で、測定後に運転条件が変更されていない場合

廃棄物焼却施設関連作業における
ダイオキシン類ばく露防止対策要綱の解説

平成14年１月22日　第１版第１刷発行
平成21年１月20日　第２版第１刷発行
平成26年４月10日　第３版第１刷発行
令和６年12月５日　第４版第１刷発行

編　　者　中央労働災害防止協会
発 行 者　平山　剛
発 行 所　中央労働災害防止協会（中災防）
〒108-0023
東京都港区芝浦３丁目17番12号
吾妻ビル９階
電話　販売　03(3452)6401
　　　編集　03(3452)6209
印刷・製本　株式会社丸井工文社

乱丁・落丁本はお取り替えします。

ISBN978-4-8059-2184-5　C3060
中災防ホームページ　https://www.jisha.or.jp/